JN069689

ウェブマスター検定 4級

WEBMASTER CERTIFICATE

公式テキスト

ウェブの基礎知識編

2024・2025年版

一般社団法人 全日本SEO協会 編

C&R研究所

■権利について

● 本書に記述されている社名・製品名などは、一般に各社の商標または登録商標です。

● 本書では™、©、®は割愛しています。

■本書の内容について

● 本書は編者が実際に調査した結果を慎重に検討し、著述・編集しています。ただし、本書の記述内容に関わる運用結果にまつわるあらゆる損害・障害につきましては、責任を負いませんのであらかじめご了承ください。

● 本書は2023年7月現在の情報をもとに記述しています。

● 正誤表の有無については下記URLでご確認ください。

https://www.ajsa.or.jp/kentei/webmaster/4/seigo.html

● **本書の内容についてのお問い合わせについて**

この度はC&R研究所の書籍をお買い上げいただきましてありがとうございます。本書の内容に関するお問い合わせは、「書名」「該当するページ番号」「返信先」を必ず明記の上、C&R研究所のホームページ(https://www.c-r.com/)の右上の「お問い合わせ」をクリックし、専用フォームからお送りいただくか、FAXまたは郵送で次の宛先までお送りください。お電話でのお問い合わせや本書の内容とは直接的に関係のない事柄に関するご質問にはお答えできませんので、あらかじめご了承ください。

〒950-3122 新潟県新潟市北区西名目所4083-6　株式会社 C&R研究所　編集部
FAX 025-258-2801
「ウェブマスター検定 公式テキスト 4級 2024・2025年版」サポート係

はじめに

ワールドワイドウェブは誕生当初、一部の研究者や趣味人が使っていた小規模なネットワークに過ぎませんでした。

しかし、誰もが自由に低コストで参加できるオープン性の魅力とその将来性に取り憑かれた人々により地球規模の巨大な情報ネットワークへと成長しました。その影響力は今日、新聞・テレビ・雑誌などのマスメディアと同じかそれ以上になり、人々の生活になくてはならないものになりました。

この技術を活用して人々の生活を豊かにした企業が世界中で次々と誕生し、多くの成功物語が生まれました。国内でもウェブを使い集客したことにより、都会から離れた場所にある企業が全国に世界に向けて商品を売り、立地条件の悪い店舗が繁盛店になったという事例が続々と生まれました。

しかし、ウェブを活用した集客に成功している企業はまだまだごく一部の企業だけでしかありません。その原因はウェブを使った集客をするための知識、技術が広く普及していないからだということ明らかです。ウェブを使った集客技術の情報はあふれかえるほど存在していますが、あまりにも情報が多いためその技術を習得するために何をどこから学べばよいのかがわかりにくい状況にあります。

ウェブマスター検定 4級の目的はこうした状況を打開することです。本書ではこれから企業のウェブ担当者として活躍するために、次のようなウェブを使った集客技術をゼロから学ぶために必要な知識を体系立てて解説します。

- ウェブがどのように生まれ、発展してきたのか？
- ウェブをどのように使えば企業の集客に使えるのか？
- ウェブサイトの仕組み
- ウェブページはどういう考えを持って作れば集客効果が生まれるのか？
- ウェブサイトを作るツールの種類
- ウェブサイトを公開するまでの流れ

ウェブを使った集客技術をあらゆる層の人たちに身に付けてもらうための基礎知識を体系的に提供するとともに、ウェブという巨大なシステムの全体像を理解するためのロードマップを提供します。このロードマップにより、初学者にはウェブを使った集客を学ぶための出発点から終着点の道のりが見えてくるはずです。そして、現場で活躍している実務家は埋めるべき知識の空白がどこにあるのかが見えてくるはずです。

本書をきっかけに、読者の皆さまが企業のウェブ集客を成功に導くウェブマスターになり、社会の発展に貢献する一助になることを祈念します。

2023年7月

一般社団法人全日本SEO協会

ウェブマスター検定4級　試験概要

▌▌運営管理者

《出題問題監修委員》	東京理科大学工学部情報工学科　教授　古川利博
《出題問題作成委員》	一般社団法人全日本SEO協会　代表理事　鈴木将司
《特許・人工知能研究委員》	一般社団法人全日本SEO協会　特別研究員　郡司武
《モバイル技術研究委員》	アロマネット株式会社 代表取締役　中村義和
《構造化データ研究委員》	一般社団法人全日本SEO協会　特別研究員　大谷将大
《システム開発研究委員》	エムディーピー株式会社　代表取締役　和栗実
《DXブランディング研究委員》	DXブランディングデザイナー　春山瑞恵
《法務研究委員》	吉田泰郎法律事務所　弁護士　吉田泰郎

▌▌受験資格

学歴、職歴、年齢、国籍等に制限はありません。

▌▌出題範囲

『ウェブマスター検定 公式テキスト 4級』の第1章から第8章までの全ページ

- ● 公式テキスト

  URL https://www.ajsa.or.jp/kentei/webmaster/4/textbook.html

▌▌合格基準

得点率80%以上

- ● 過去の合格率について

  URL https://www.ajsa.or.jp/kentei/webmaster/goukakuritu.html

▌▌出題形式

選択式問題　80問

試験時間　60分

▌▌試験形態

所定の試験会場での受験となります。

- ● 試験会場と試験日程についての詳細

  URL https://www.ajsa.or.jp/kentei/webmaster/4/schedule.html

▌受験料金

5,000円(税別)/1回(再受験の場合は同一受験料金がかかります)

▌試験日程と試験会場

● 試験会場と試験日程についての詳細

URL https://www.ajsa.or.jp/kentei/webmaster/4/schedule.html

▌受験票について

受験票の送付はございません。お申し込み番号が受験番号になります。

▌受験者様へのお願い

試験当日、会場受付にてご本人様確認を行います。身分証明書をお持ちください。

▌合否結果発表

合否通知は試験日より14日以内に郵送により発送します。

▌認定証

認定証発行料金無料(発行費用および送料無料)

▌認定ロゴ

合格後はご自由に認定ロゴを名刺や印刷物、ウェブサイトなどに掲載できます。認定ロゴはウェブサイトからダウンロード可能です(PDFファイル、イラストレータ形式にてダウンロード)。

▌認定ページの作成と公開

希望者は全日本SEO協会公式サイト内に合格証明ページを作成の上、公開できます(プロフィールと写真、またはプロフィールのみ)。

● 実際の合格証明ページ

URL https://www.zennihon-seo.org/associate/

Contents

Contents

第5章◆ウェブサイトの作成手段

1 ウェブサイトを持つ3つの手段

2 ASPサービスを利用する

3 オンラインショッピングモールに出店する

4 サイトを自作する

第6章◆ウェブサイト公開の流れ

第8章◆ウェブが発展した理由

第1章
ウェブの誕生と発展

　今日、World Wide Web（ワールドワイドウェブ）は私たちの生活になくてはならない生活基盤になりました。わからないことがあれば検索し、行きたいお店の予約をするには予約サイトを使い、お金を振り込むときにはネットバンクを使うなど1つひとつの生活シーンをウェブ上で提供されるサービスが支えています。

　仕事を探すときもウェブ、家電製品や食品を買うときもウェブ、車や家を買おうとするときさえもウェブを使うようになりました。さらには、検索エンジンでの上位表示対策や広告の出稿などを通じて、企業が自社の商品・サービスを宣伝し、顧客を獲得すための集客手段としてもウェブは有力な手段を提供するようになりました。

　こうした無数の便利なサービスを私たちに提供するウェブは、数あるインターネット技術を応用した1つの形態として生まれ発展を遂げました。

1 インターネット

インターネットの歴史はその前身であるARPANETの誕生からスタートしました。ARPANETは、1960年代に開発された、世界で初めて運用されたパケット通信によるコンピュータネットワークです。最初は米国の4つの大学の大型コンピュータを相互に接続するという小規模なネットワークでしたが、その後、世界中のさまざまな大学などの研究機関が運用するコンピュータがそのネットワークに接続するようになり、情報の交換が活発化しました。その後、1970年代にTCP/IPという情報交換のための通信プロトコル(インターネット上の機器同士が通信をするための通信規約(ルール)のこと)が考案され、インターネットと呼ばれるようになりました。

● 初期インターネットの概念図

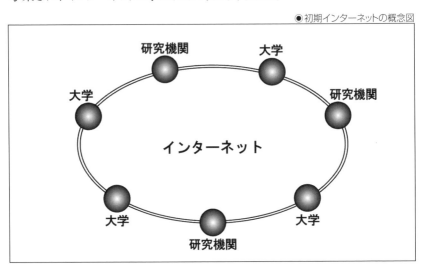

インターネットという言葉の意味は、インターネットプロトコル(IP)技術を利用してコンピュータを相互に接続したネットワークのことです。ウェブという言葉はインターネットと同じ意味で用いられることが多いですが、実はインターネットの1つの形態にしか過ぎません。

インターネットプロトコル(IP)技術を利用して生まれた主要なコンピュータネットワークには1970年代から1980年代にかけて考案された次の種類があります。

1-1 ◆ Telnet

　Teletype networkの略でテルネットと発音します。Telnetは遠隔地に
あるサーバーやネットワーク機器などを端末から操作する通信プロトコル（通
信規約）です。これによりユーザーは遠方にある機器を取り扱おうとする際
に、長距離の物理的な移動をしなく済むようになりました。
　当時は、パーソナルコンピューターが普及しておらず、誰もがコンピュータ
を利用できる環境にいなかったため、Telnetの発明によりコンピュータを遠
隔地から利用するユーザーが増えてコンピュータの普及に貢献することにな
りました。

●Telnetのイメージ図

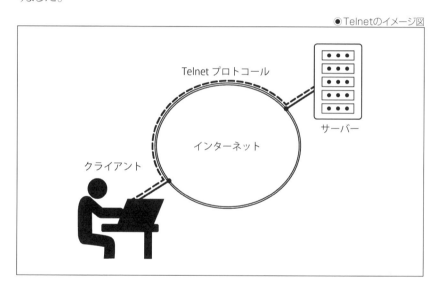

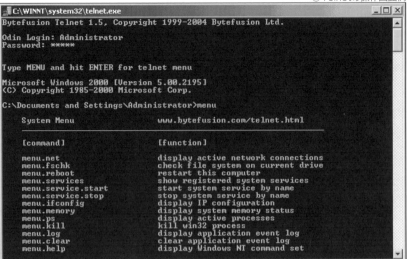

1-2 ◆SMTP

　Simple Mail Transfer Protocol（簡易メール転送プロトコル）の略で、電子メールのやり取りに使われる通信プロトコルです。この技術によりインターネットユーザーは電話や郵便を使うことなく自由にメッセージをやり取りすることが可能になり、ユーザー同士のメッセージのやり取りが簡単になっただけでなく、瞬時にメッセージをやり取りできるという大きな利便性がもたらされました。その後、インターネットの商用利用が始まったときも、インターネット上で企業が顧客とメッセージのやり取りすることを簡単にし、ウェブの商業化に大きく貢献しました。

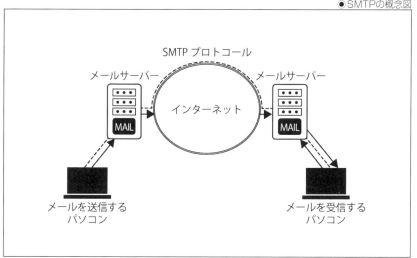

SMTP プロトコール

メールサーバー　　　　　　　　メールサーバー

インターネット

メールを送信する　　　　　　　　メールを受信する
パソコン　　　　　　　　　　　　パソコン

1-3 ◆FTP

　File Transfer Protocol（ファイル転送プロトコル）の略で、ネットワーク
上のクライアント（パソコンなどの端末）とサーバー（ネットワーク上で他のコン
ピュータに情報やサービスを提供するコンピュータ）の間でファイル転送を行
うための通信プロトコルです。この技術を使うことによりウェブサイトの管理
者は遠隔地にあるサーバーに自由にファイルを転送しウェブサイトの更新が
できるようになりました。

　この技術は後にウェブサイトが発明された際、自社の事業所内にサー
バーを設置しなくても、遠隔地にあるレンタルサーバーを少額のレンタル料金
を払うことにより利用できるようになり、誰もが気軽にウェブサイトを公開できる
という恩恵をもたらしました。

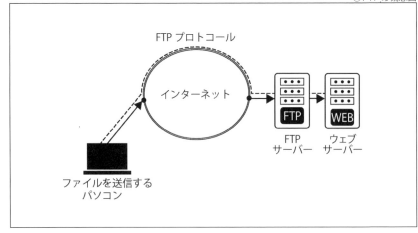

1-4 ◆ IRC

　Internet Relay Chat（インターネットリレーチャット）の略で、サーバーを介してクライアントとクライアントが会話をするチャットを行うための通信プロトコルです。

　チャットサーバーに接続すると参加者が入力したテキスト（文字）のメッセージが即時に参加者全員に送信されるため、1対1の会話だけでなく、多人数での会話をすることも可能です。

　今日ではこの原理を応用したビジネスチャットや顧客サポート用のチャットが普及し、企業で働く従業員同士のコミュニケーションや取引先とのコミュニケーション、そして企業が顧客からの質問や要望にスピーディーに対応することが可能になりました。

●IRCの概念図

チャットサーバー

CHAT

Aさん

Bさん

インターネット

Cさん

Dさん

●IRCクライアントソフトの例

HexChat View Server Settings Window Help

Libera.Chat   a.org/show_bug.cgi?id=1749908 | Help out testing the AUR https://lists.archlinux.org/pipermail/aur-general/2021-

#archlinux
#wikipedia

```
                    again.
[11:11:13]  Namarrgon  sanchex: are you running iwd and nm at the same time?
[11:12:14]    sanchex  I am running nm, I don't know if iwd is also running
[11:12:35]  Namarrgon  did you configure nm to use iwd as the backend instead of wpa_supplicant?
[11:13:07]    sanchex  No
[11:13:11]  Namarrgon  then why is iwd running?
[11:13:36]          *  julia (~quassel@user/julia) has joined
[11:15:58]          *  DeepDayze has quit (Quit: Leaving)
[11:17:02]    sanchex  good question
[11:17:45]  Namarrgon  how did you install arch?
[11:18:08]  Namarrgon  you're the third one with this issue today
[11:18:23]          *  gehidore is curious too
[11:18:54]          *  cabo40 (~cabo40@189.217.81.59) has joined
[11:19:36]    sanchex  Using the Arch installer, this was months ago tho
[11:19:46]  Namarrgon  'archinstall'?
[11:19:52]    sanchex  Right, the official one.
[11:20:06]    sanchex  I do not have a config file for NetworkManager instructing it to use iwd as the backend.
[11:20:14]  Namarrgon  disable iwd and reboot
[11:20:15]    sanchex  as described here: https://wiki.archlinux.org/title/NetworkManager#Configuration
[11:20:16]      phrik  Title: NetworkManager - ArchWiki (at wiki.archlinux.org)
[11:20:29]    sanchex  ok
[11:20:51]          *  sanchex has quit (Remote host closed the connection)
[11:21:17]          *  masoudd_ suspiciously does a systemctl status iwd
[11:21:36]          *  igemnace (~ian@user/igemnace) has joined
[11:24:01]          *  masoudd_ is now known as masoudd
```

1-5 ◆NNTP

　Network News Transfer Protocol（ネットワークニューストランスファープロトコル）の略で、ネットワーク上で記事の投稿や配信、閲覧などを行うための通信プロトコルの1つです。NNTPによって構築された記事の蓄積・配信システムをNetNews（ネットニュース）あるいはUsenet（ユーズネット）といいます。記事は電子メールのメッセージのように文字や画像などの添付ファイルから構成されるものでした。NetNewsはウェブが普及する以前の1980年代後半から1990年代前半に活発に利用されました。当時のインターネットの主な利用者であった大学や研究機関、企業の研究所などに所属する人々の間で情報交換や議論などが行われましたが、電子掲示板やSNSなど、同様の機能を持つサービスやアプリケーションに次第に取って代わられました。しかし、このときの技術と経験が活かされ、後のSNSへとその役割は引き継がれていきました。

●NNTPの概念図

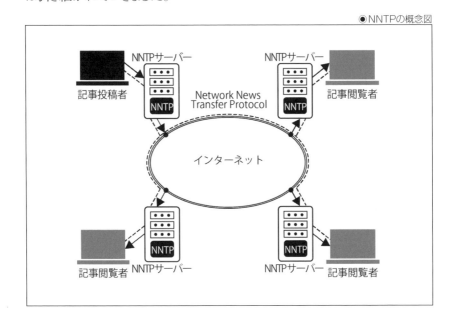

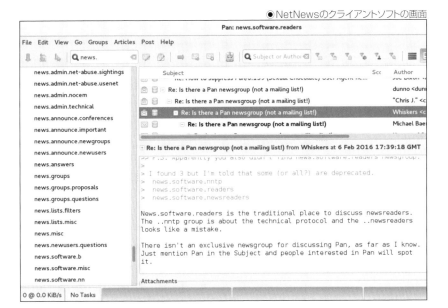

1-6 ◆ HTTP

Hypertext Transfer Protocol（ハイパーテキストトランスファープロトコル）の略で、ウェブページなどのコンテンツを送受信するために用いられる通信プロトコルです。

このHTTPという通信プロトコルこそが、私たちが「ウェブ」と呼ぶワールドワイドウェブを支える基礎技術となり、ウェブを発展させることになりました。

2 ウェブ上に生まれたサービス

こうして、HTTPという通信プロトコルを核にして、ウェブ上にはさまざまなサービスが生まれました。

2-1 ◆ ウェブサイト

ウェブサイトとは、ウェブ上に存在するウェブページの集合体のことです。ウェブページのファイルはHTML（HyperText Markup Language）という言語で作成されます。ウェブサイトはウェブサーバー上に設置されることによりクライアント側であるユーザーが閲覧できるようになります。

siteとは英語で敷地、場所という意味で、企業や政府、団体、個人がウェブ上で情報発信を行うための情報拠点として使用されるものです。最初に公開されたウェブサイトは、ウェブを考案したティム・バーナーズ=リー博士によるもので1991年に公開されました。

●世界で最初に公開されたウェブサイト

●そのウェブサイトのトップページのHTMLファイルのソースコード
（出典：World Wide Web（http://info.cern.ch/hypertext/WWW/TheProject.html））

```
<HEADER>
<TITLE>The World Wide Web project</TITLE>
<NEXTID N="55">
</HEADER>
<BODY>
<H1>World Wide Web</H1>The WorldWideWeb (W3) is a wide-area<A
NAME=0 HREF="WhatIs.html">
hypermedia</A> information retrieval
initiative aiming to give universal
access to a large universe of documents.<P>
Everything there is online about
W3 is linked directly or indirectly
to this document, including an <A
NAME=24 HREF="Summary.html">executive
summary</A> of the project, <A
NAME=29 HREF="Administration/Mailing/Overview.html">Mailing lists</A>
, <A
NAME=30 HREF="Policy.html">Policy</A> , November's  <A
NAME=34 HREF="News/9211.html">W3  news</A> ,
```

　ウェブサイトが作られ始めた当初は、大学や研究機関が運営する学術的なサイトばかりでした。その後、徐々にパソコン関連、プログラミング関連といったIT（Information　Technology：情報技術）に関する情報を提供するサイトが生まれました。

　その後は個人の趣味に関するサイトが生まれウェブサイトの作成方法を習得したわずかな人々はこれまで紙媒体や無線などの電波でしか発信できなかった情報を自由に発信するようになりました。

　そのころ同時に、商用目的のウェブサイトとして旅行代理店のサイト、新聞社のサイトなどが生まれました。ウェブ誕生初期に作られた企業サイトのほとんどはサイト上で直接、物やサービスを販売するものは非常に少なく、パンフレットのように情報量が少ない企業案内が目的のものばかりでした。当時の企業はどのようにウェブを活用して売り上げを増やすのかが明確にわからず、その方法を模索する時代でした。

　その一方で人々の欲望を直截的に満たすアダルトサイト、オンラインカジノ、出会い系サイトのような物議を醸すサイトが増え収益を生むようになり、ウェブサイトは玉石混交の時代を迎えました。

2-2 ◆ 検索エンジン

　ウェブの発達とともにウェブサイトの数は爆発的に増えました。しかし、数が増えれば増えるほど、ユーザーが探している情報を持つウェブサイトを見つけることが困難になりました。こうした問題を解決するために数多くの検索エンジンが作られました。

　検索エンジンにはウェブ上で発見されたウェブサイトの情報が1つひとつ追加されていき、ユーザーはキーワードを入力することにより瞬時に検索することができるようになりました。

　ウェブ誕生当時は、検索エンジンには2つの形がありました。1つは人間が目で1つひとつのウェブサイトを見て編集するディレクトリ型検索エンジンで、もう1つはソフトウェアが自動的に情報を収集して編集するロボット型の検索エンジンです。

2-2-1 ◆ ディレクトリ型

　ディレクトリ型検索エンジンは人間がウェブサイトの名前、紹介文、URLをデータベースに記述してカテゴリ別に整理した検索エンジンです。情報を収集するのも、その内容を編集するのも、編集者という人間の手によるものでした。

　検索の方法は2つあります。1つはカテゴリ検索という方法で、ユーザーがカテゴリ名をクリックすると自分の探しているウェブサイトを見つけることができます。2つ目の方法はキーワード検索という方法で、キーワード入力欄に心当たりのあるキーワードを入力すると、あらかじめ検索対象として設定されているサイト名、紹介文などにそのキーワードが適合すると検索結果に表示されるものです。

ディレクトリ型検索エンジンのメリットには次のようなものがあります。

- 登録サイトが人的に管理されているため、無駄な情報が少なく有益な情報が見やすく整理された形で掲載されており使いやすい。
- ウェブサイトをディレクトリ編集者が適切だと判断したカテゴリに登録するため、ユーザーは自分の興味がある分野に関するウェブサイトをカテゴリを通して見つけることができる。

ディレクトリ型検索エンジンのデメリットは次の点です。

- ウェブページ単位ではなくウェブサイト単位で登録されるため、実際に登録サイトに目的の情報が存在するにもかかわらず、キーワード検索で見つからない場合がある。
- ウェブサイト、ウェブページ数が急増している現在、人間の手によってサイト情報を登録していくにはスピード上の限界があるため情報量が少なくなってしまう。
- 編集者が登録するウェブサイトを決定して説明文を記述するため、編集者の主観や運営会社の編集方針によって掲載情報が左右される。

国内のディレクトリ型検索エンジンは1995年にNTT DIRECTORY、1996年にYahoo! JAPANなどが開設され、その中で最も商業的に成功したのがYahoo! JAPANでした。

Yahoo!カテゴリという膨大な数のカテゴリを擁する日本最大級のディレクトリ型検索エンジンは、その後、Googleというロボット型検索エンジンが登場して検索市場を席捲するまで非常に大きな影響力がありました。

しかし、ロボット型検索エンジンの台頭により、Yahoo!カテゴリは2018年に、業界第2位のクロスレコメンドが2019年に、第3位のクロスメディアディレクトリが同年11月に閉鎖され、国内の大手ディレクトリサービスはすべて消滅しました。

2-2-2 ◆ ロボット型

ロボット型検索エンジンは、クローラーといわれるソフトウェアをインターネットに送り、クローラーがインターネット上のウェブサイトやウェブページの情報を収集します。「クローラー」(crawler)とは、ウェブ上に存在するサイトを巡回してGoogleなどの検索エンジンの検索順位を決めるために必要な要素を収集するロボットプログラムのことです。そしてそれらの情報を検索エンジンのデータベースに登録します。

ユーザーがキーワード検索を行った際に、情報データベースから入力されたキーワードに最もふさわしい内容だと検索エンジンが自動的に判断したウェブページから順番に表示します。表示される内容はロボットが独自のアルゴリズム（計算方法）でウェブサイトやウェブページの内容から抽出した情報です。

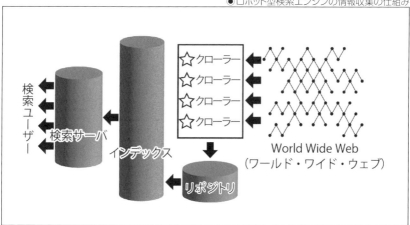

検索ユーザー

検索サーバ

インデックス

リポジトリ

☆クローラー
☆クローラー
☆クローラー
☆クローラー

World Wide Web
（ワールド・ワイド・ウェブ）

ロボット型検索エンジンのメリットは次の点です。

- ウェブサイト単位だけでなくウェブページ単位で登録するため、特定のキーワード検索にマッチしたウェブページが表示される。
- 定期的にクローラーがインターネットを巡回することで比較的新しいウェブページが登録されている。
- 常に複数のクローラーがインターネットを巡回し、自動的に情報を取得するため、大量のウェブサイト、ウェブページの情報がデータベースに登録されている。

一方、ロボット型検索エンジンのデメリットは次のものがあります。

- 大量の情報が登録されており、検索時に多数の情報が表示されるため、目的の情報にたどり着くのに時間がかかる。
- 自動的に情報が登録されることで、実際のページの内容とは関係のないキーワードを詰め込むなど、スパム行為（検索順位を不当に引き上がるためのトリック）を施したウェブページが登録され、キーワード検索時にユーザーの目的に関係ない情報が表示される場合がある。
- ロボットが自動的にページ紹介文を決定するため、人間の手による編集に比べると情報が混沌としており整理されていない。

　Yahoo!カテゴリを始めとするディレクトリ型検索エンジンでは、日々爆発的に増えていくウェブサイトと新しいウェブページを整理するのには限界が生じてきました。

　その一方で1990年代当時のロボット型検索エンジンは、不当な検索エンジン対策を施したウェブサイトやウェブページであふれかえるようになり、非常に使いにくい状態が続きました。そうした状況の中、1997年に彗星のように登場したのがGoogleというロボット型検索エンジンでした。Googleの検索結果は他のロボット検索エンジンと比べて圧倒的にユーザーが求めるウェブページを上位に表示しているため、一気にロボット検索エンジン市場の覇者になりました。

　日本国内においては、2010年まで独自の検索エンジンYST（Yahoo! Search Technology）を使用していたYahoo! JAPANはYSTの使用をやめて、Googleをその公式な検索エンジンとして採用しました。それは、Googleの絶え間ない検索結果の品質向上のための努力が認められたからに他なりません。今日では日本国内の検索市場の90％近くのシェアをGoogleは獲得することになり、検索エンジンの代名詞ともいえる知名度を獲得しました。

●創業当時のGoogle検索

2-3 ◆ ポータルサイト

　ポータルとはもともと門や入り口を表し、特に大きな建物の門という意味です。このことから、ウェブにアクセスするときの入り口となる玄関口となるウェブサイトを意味するようになりました。

　最初のポータルサイトは網羅的なカテゴリの情報を取り扱う総合ポータルサイトでした。それらはキーワード検索ができるウェブ検索エンジンと、編集者が管理するウェブサイトのディレクトリ（リンク集）、新聞社などのマスメディアが発信するニュース記事の転載、無料のメールなど、当時のネットユーザーが欲するサービスで構成されていました。

　代表的なものとしてはexcite、infoseek、Yahoo! JAPAN、MSN、Nifty、Biglobeなどがありました。

●1997年当時の総合ポータルサイト「infoseek」

しかし、ウェブサイトの数が急増し、無数のウェブページが爆発的に増加したためあらゆるカテゴリの情報を網羅することが困難になりました。そのため、Yahoo! JAPANなどの一部の総合ポータルサイトを除き、その影響力は低下しました。今日では細分化が進み、特定のジャンルに特化した情報収集のスタート地点としての特化型ポータルサイトが主流になりました。

特化型ポータルサイトには、業種別ポータルサイトのホットペッパービューティー、ホットペッパーグルメ、SUUMO、食べログ、地域別ポータルサイトのエキテン、求人ポータルサイトのIndeed、タウンワークなどがあります（地域別ポータルサイトは地域サイト、求人ポータルサイトは求人サイトとも呼ばれます）。

●SUUMO

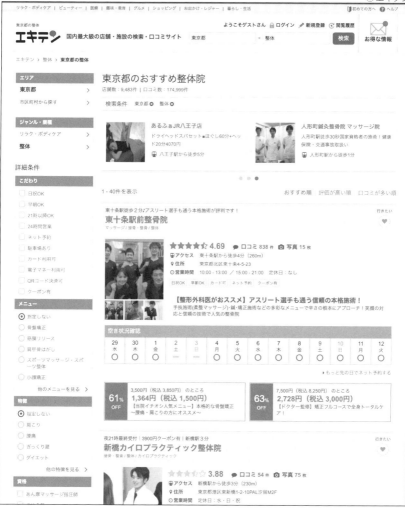

　これら特化型ポータルサイトのほとんどには検索エンジンが搭載されており、特定のカテゴリの情報を条件指定して検索する機能があり大きな利便性をユーザーに提供するようになりました。

　Googleなどの総合的な情報を取り扱う検索サイトでは広く浅い情報からキーワード検索をするため「水平検索」と呼ぶ一方、特定のカテゴリを細かく条件付けして深堀りした検索をすることを「垂直検索」と呼びます。

Googleなどの総合的な情報を取り扱う検索サイトは各サイトの運営者がクローラーによるインデックスを許したページの情報だけしかインデックスが許されないため、求人情報や店舗情報などの特定のカテゴリの情報をさまざまな条件で絞り込み検索ができません。そのため特化型ポータルサイトのこうした深堀りをした検索機能の利便性がユーザーに評価され、一定の支持を得ることに成功しました。

こうしてウェブの爆発的発展は、ウェブサイトが取り扱う情報の細分化を招く結果となりました。

2-4 ◆ オンラインショッピングモール

国内のオンラインショッピングモール市場は大手資本が最初に進出したころに生まれ、その後に楽天、Yahoo! JAPAN、Amazonが進出し、近年ではZOZOTOWNなどの新興勢力がユーザーの支持を獲得し、支配的な地位を築くようになりました。

1995年にインターネット関連事業に早くから取り組んできた三井物産が「キュリオシティ」をスタートした他、複数のショッピングモールが生まれました。

1997年に楽天市場が、1999年にYahoo!ショッピングがスタートしました。

●1997年当時の楽天市場

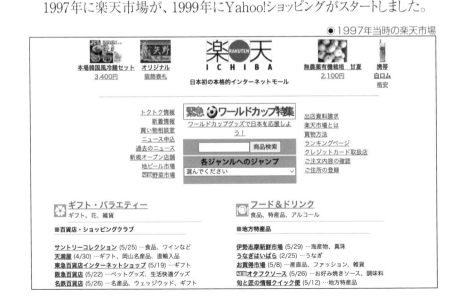

その後、2000年に日本進出を果たしたAmazonの誕生により、3大オンラインショッピングモールが圧倒的な存在感を示す時代が訪れました。

その間、総合ポータルサイトや、家電メーカー、通信事業者などがオンラインショッピングモール市場に進出を試みたものの、3大オンラインショッピングモールへのユーザーの集中を阻むことはできませんでした。

しかし、その中でもファッションに特化したZOZOTOWNが2004年に生まれ、2010年には韓国の商品に強いQoo10などの特徴のある中堅ショッピングモールが誕生し一定のユーザー層を獲得するようになりました。

2-5 ◆ ネットオークション

ネットオークションとは、インターネットを利用して行われる競売のことをいいます。出品者がオークションサイトに商品を出品し、買い手が希望の価格を提示して入札し、最高値を付けた買い手が落札して商品を競り落とす仕組みのことです。

日本ではヤフオク!(旧・Yahoo!オークション)が1999年にサービスを開始して最大手のネットオークションサイトとなっており、他に楽天オークションやモバオクが生まれました。

●2000年当時のYahoo!オークション

オンラインショッピングモールでは事業者が消費者に商品を販売するという企業と一般消費者の取引（B2C：Business to Consumer）でしたが、ネットオークションの登場により消費者同士が、消費者間取引（C2C：Consumer To Consumer）をすることが可能になりました。

2013年以降、ネットオークションに競合するサービスとして、メルカリ、ラクマ（旧・楽天オークション）などのフリマアプリサービスが登場し多くのユーザーに利用されるようになりました。

2-6 ◆ 電子掲示板

電子掲示板とは、インターネット上で記事を書き込んだり、閲覧したりできる仕組みのことです。単に「掲示板」と呼んだり、「BBS」（Bulletin Board System）とも呼ばれることもあります。

個人が開設するものや企業の中だけに限定したものなど小規模なものから、多数の電子掲示板を集めて1つのウェブサイトとして発展させた大規模なものまで、さまざまな電子掲示板が存在します。

電子掲示板には、伝言板型とツリー型があります。伝言板型は、駅の伝言版に書き込むような使い方ができる簡単なものです。書き込まれたメッセージは、新しい順に連続して表示されます。

●伝言板型掲示板とツリー型掲示板

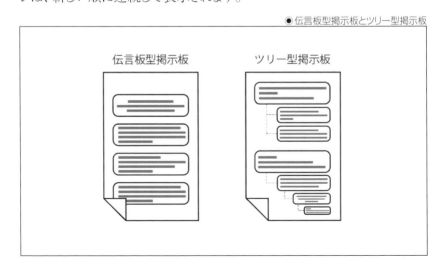

ツリー型は、特定の話題ごとに個別のまとまりで表示する電子掲示板です。それぞれのメッセージに対する返事を書き込むことで、自動的にメッセージのツリーができあがります。この形式は、特定の情報に対して、討論を繰り返す場合などに有効な表示方法です。

　電子掲示板にはあらゆる話題を網羅する総合掲示板、特定のジャンルに特化した専門掲示板、画像を主に投稿する画像掲示板があり、総合掲示板では2ちゃんねるや5ちゃんねる、専門掲示板では受験情報に特化したインターエデュなどがあります。

●受験情報に特化した電子掲示板「インターエデュ」

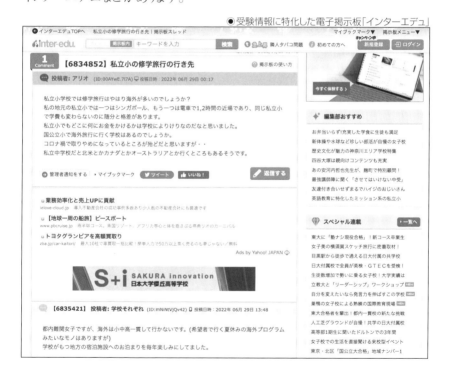

　著作権を侵害する画像が投稿されることが多いため、画像掲示板は近年著作権意識の高まりとともに規模の大きなものは閉鎖を余儀なくされました。

　電子掲示板は今日では、口コミサイトとQ&Aサイトへと発展しました。口コミサイトは消費者が商品のレビュー（感想）を投稿するサイトです。代表的なものとしてはアットコスメ、価格コム、食べログなどがあります。

Q&Aサイトとは、ユーザーが質問を投稿し、回答を募って疑問を解消する仕組みを提供するウェブサイトのことです。代表的なものとしては「Yahoo! 知恵袋」や「教えて! goo」があります。さまざまな疑問や悩みを投稿すると、善意のユーザーが無償で答えや意見を投稿するという助け合いの精神に基づいた文化が生まれ、多くの人々の役に立つ媒体へと成長しました。

こうして電子掲示板の登場により初めて一般消費者が自由に自分たちの意見を投稿し自由な発言をすることが可能になりました。それにより消費者の率直な商品・サービスへの感想や、企業がどのような顧客対応をしているかが透明化され、消費者が購入決定をする際の判断材料として利用されるようになりました。

2-7 ◆ チャットサービス

チャットサービスとは、インターネットを通じてリアルタイムでテキスト、画像、ビデオなどのコミュニケーションを可能にするサービスのことです。チャット(Chat)とは英語で「雑談」のことであり電子掲示板でのやり取りと比べると短い会話のやり取りをするのに適したものです。ユーザーはチャットサービスを使用して個人的なメッセージを送ったり、グループチャットで会話したり、ファイルを共有したりすることができます。

代表的なものとしてはSlack、Chatworks、Microsoft Teams、LINEなどがあります。

現在広く使われているこれらのチャットサービスは、インターネットが始まった当時に開発されたIRC(Internet Relay Chat)とは技術的には直接関連はありません。IRCは1980年代に作られたテキストベースのチャットシステムで、今日のチャットサービスとは異なるプロトコルと技術を使用します。

今日のチャットサービスが使うプロトコルは、主にHTTP/HTTPSなどのプロトコルです。しかし、サービスの概念的にはIRCが現代のチャットサービスの設計に大きな影響を与えています。

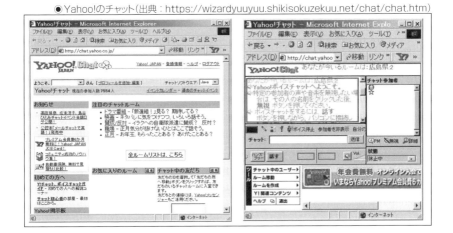
● Yahoo!のチャット（出典：https://wizardyuuyuu.shikisokuzekuu.net/chat/chat.htm）

2-8 ◆ 電子メール

　電子メールとはe-mailとも呼ばれるもので、メールサーバーを介してメッセージをパソコンやスマートフォンなどの情報端末を使うユーザー同士が送受信できる仕組みです。

　電子メール自体はウェブの通信プロトコルではなくSMTPプロトコルなど、ウェブとは別のプロトコルを使っています。しかし、ウェブサイト運営者と消費者がコミュニケーションをする上で使用されているためウェブを構成する補完的な要素でもあります。

　電子メールを使うには専用のメールソフトを使いインターネットなどのネットワークを利用して文章や画像、添付ファイルなどの情報をやり取りします。

　電子メールを使うにはユーザー同士がxxx@abc.comのようなメールアドレスを持つ必要があります。

　メールアドレスを取得には主に3つの方法があります。

2-8-1 ◆ 独自ドメインのメール

　ウェブサイトを開くためにドメイン名を取得すると、そのドメイン名はウェブサイトのアドレスとしてだけでなく、電子メールのアドレスとしても使用することが可能です。

ドメイン名とはxxx@abc.comでいうとabc.comという部分です。ドメイン名には通常企業名か、サービス名、サイト名が含まれるためどの企業が発行しているメールアドレスかがわかるようになっています。

たとえば、トヨタの社員が使うメールアドレスにはyamada@toyota.co.jpやmsuzuki@toyota.co.jpというようにtoyota.co.jpというドメイン名が含まれるためどこの企業に属する社員のメールアドレスなのかがひと目でわかります。

電子メールアドレス（Eメールアドレス）はxxx@abc.comというように@の前にxxxのようなユーザー名を設定し、@の後ろには、ドメイン名が設定されます。独自でドメイン名を取得してメールアドレスを発行することはレンタルサーバー会社の管理画面で管理者権限を持つユーザーが自由にできます。

●レンタルサーバー会社が提供するユーザーが使用するドメイン名を使ったメールアドレスの設定画面

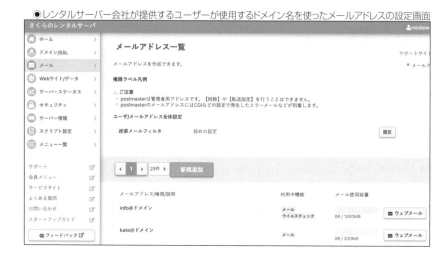

2-8-2 ◆ プロバイダーメール

プロバイダーメールは、パソコン購入時などにISP（インターネットサービスプロバイダー）と契約したときにもらえるメールアカウントです。

メールアカウントとは電子メールを送受信するためにサービス事業者から発行される利用権のことをいいます。プロバイダーメールは本人確認がされたユーザーにのみ発行されるため比較的信用度が高いメールアドレスだといえます。

電子メールアドレスは「@***.so-net.ne.jp」「@***.biglobe.ne.jp」というように@の後ろには、利用しているISPのドメイン名が使われます。

スマートフォンのユーザーはプロバイダーと契約しなくてもドコモ、au、ソフトバンクなどの通信キャリア会社がそれぞれ「@docomo.ne.jp」「@ezweb.ne.jp」「@softbank.ne.jp」というようなメールアドレスを発行します。面倒な手続きがないため、多くのスマートフォンユーザーがプロバイダーメールを利用するようになりました。

2-8-3 ◆ フリーメール

無料で提供される電子メールサービスで、登録すれば誰でも無料でメールアドレスが割り当てられ、電子メールの送受信が行えるようになります。通常、ウェブブラウザを使って受信メールの閲覧やメッセージの作成、送信を行います。フリーメールは手続きが厳格な本人確認をしないものが多いため、比較的信用度が低いメールアドレスだといえます。フリーメールの代表的なものとしてはGmail、Yahoo!メールなどがあります。

●Googleが提供するフリーメールの「Gmail」

こうしたさまざまな形の電子メールが普及したことにより、自由にユーザー間でメッセージやファイルのやり取りが可能になりました。それによりウェブ上での企業と顧客のコミュニケーション手段として使われるようになりウェブ上での取引の活性化に貢献することになりました。

しかしこのことは、不特定多数のユーザーに同時にスパムメール（迷惑メール）を送信する問題や、スパムメールを自動検知して排除する際に発生する誤検知によるメールメッセージの不着問題、受信者の端末に危害を加えるマルウェアなどのセキュリティ上の問題を引き起こすことにもなりました。

2-9 ◆ ブログ

ブログ（blog）とは「ウェブログ：weblog」（インターネット上で公開されている日常などの記録の意味）から派生した言葉で、ウェブサイト作成の専門的な知識がないユーザーでもウェブ上での情報発信拠点を持つことを可能にするシステムのことです。

ブログの管理画面で管理者が書き込んだ情報はデータベースに保存され、閲覧者がブログを訪問すると、データベースに保存されている情報からウェブページを生成するので、追加された情報をすぐに見ることができます。

ブログを持つことにより自分の考えや社会的な出来事に対する意見、物事に対する論評、商品やサービスに関する感想を誰もが自由に発信することが可能になります。

ブログを持つには主に2つの方法があります。

2-9-1 ◆ 無料ブログサービス

アメーバブログ（アメブロ）やライブドアブログなどが代表的な無料ブログサービスであり、誰もが自由にブログを開設し、運営することができます。運営に必要な費用はウェブページ上に表示される広告収入により賄われています。

2-9-2 ◆ 独自ドメインブログ

独自ドメインブログとは、企業や個人が独自でドメイン名を取得して開くブログのことをいいます。ドメイン名とはwww.yahoo.co.jpでいうとyahoo.co.jpという部分です。

ドメイン名には通常企業名か、サービス名、サイト名が含まれるためどの企業が運営しているウェブサイトなのか、どこのサービスのウェブサイトなのかがわかるようになっています。

無料で配布されているWordPressが代表的な独自ドメインブログを開くためのソフトウェアプログラムです。ユーザーが契約するレンタルサーバーにこうしたソフトウェアプログラムをインストールして使います。

WordPressはCMS（Content Management System：コンテンツマネジメントシステム）と呼ばれるコンテンツ管理システムとしても使われており、日記風のブログページだけでなく通常のウェブサイトを作成するシステムとしても利用することが可能です。

ブログはもともと個人の日記やニュースを配信するものとして生まれましたが、今日では企業が自社商品・サービスの見込み客を集客するためのメディアとしても利用されるようになりました。

● 無料ブログサービスのアメブロで作られたブログ

● CMSを使って作られたブログ

2-10 ◆ 比較・口コミ・ランキングサイト

　ウェブサイトの数が爆発的に増えた結果、消費者は1つひとつのウェブサイトに対して長い時間をかけて情報を収集し、比較検討することが困難な状況に陥るようになりました。

　その結果、あらかじめ編集者が膨大な情報を精査し、消費者が比較検討をしやすくするための判断材料を提供する比較サイト、口コミサイト、ランキングサイトの人気が高まるようになりました。

2-10-1 ◆ 比較サイト

　比較サイトとはショッピング比較サイトとも呼ばれ、複数のオンラインショップやネットオークションサイトなどから、同種の商品・サービスを抜き出して並べ、価格などが比較できるようにしたウェブサイトのことです。

家電製品やパソコン、化粧品、引越し、車、バイク、保険などさまざま商品やサービスが比較されており、代表的なものとしては「価格.com」、旅行商品の比較サイトの「トラベルjp」などがあります。

2-10-2 ◆ 口コミサイト

口コミサイトとは、商品やサービスを利用したことのある人が個人的な評価を書き込む電子掲示板の機能を使うサイトのことをいいます。美容の分野では「アットコスメ」が、グルメの分野では「食べログ」などが大きな影響力を持っています。

2-10-3 ◆ ランキングサイト

ランキングサイトとは、独自の判断基準に基づいて特定の分野の複数の事業者や商品、サービスに対して順位付けをするサイトです。個人が運営する小規模なものから、大手企業が運営する大規模なものがあります。口コミサイトや比較サイトとしての機能がある「アットコスメ」や「食べログ」などもランキング情報を提供しています。

比較サイト、口コミサイト、ランキングサイトの多くはそれぞれ独立したものではなく、比較情報、口コミの投稿と閲覧、ランキング情報などが一体化したサイトも数多く存在するようになりました。

しかし残念なことに、比較・口コミ・ランキングサイトは消費者に短時間での購入判断を可能にするという利便性を提供する一方で、一部の心ない事業者が偽の口コミ投稿や多額のスポンサー費用を払う企業の順位を高くするなどの不正行為をするためその信頼性は完全なものだとは言い切れない状態に陥りました。

●比較情報、口コミの投稿と閲覧、ランキング情報などがすべて網羅された価格.com

第1章
ウェブの誕生と発展

2-11 ◆ SNS

　SNSとは「Social networking service：ソーシャルネットワーキングサービス」の頭文字で、人と人との社会的なつながりを維持・促進するさまざまな機能を提供する、会員制のオンラインサービスのことです。

　友人・知人間のコミュニケーションを円滑にする手段や場を提供したり、趣味や嗜好、居住地域、出身校、あるいは「友人の友人」といった共通点やつながりを通じて新たな人間関係を構築する場を提供するサービスです。ウェブサイトや専用のスマートフォンアプリなどで閲覧・利用することができるものです。

　国内で人気のあるSNSには「Twitter」「Instagram」「Facebook」「LINE」「Pinterest」などがあります。

2-12 ◆ 動画共有サイト

　動画共有サービスとは動画投稿サイトとも呼ばれるもので、インターネット上のサーバーにユーザーが投稿した動画を、他のユーザーが視聴できるサービスです。

　投稿した動画をウェブページに貼り付けることもできるのでウェブサイトのコンテンツとしても活用できます。動画を視聴したユーザーはコメントを書き込むことや、高評価、低評価を示すボタンを押すこともできます。

　また、各種SNSサービスを利用して情報を拡散し視聴回数を増やすことが可能です。代表的なものに「YouTube」「Vimeo」「Dailymotion」があり、国内では画面上にコメントが流れる「ニコニコ動画」があります。

2-13 ◆ モバイルサイト

　ウェブサイトは誕生当初、パソコンなどのデスクトップ上で見られるものでしたが、携帯電話の画面上でも見られる環境が整うようになりました。それらは移動中の環境で見られるという意味からモバイルサイトと呼ばれるようになりました。

　最初は携帯電話上で利用されるもので国内では1999年にNTTドコモが開発したiモードという専用ネットワーク内でスタートし、その後、KDDIなどの通信会社などがEZwebなどを開発し、携帯電話専用のモバイルサイトが利用されるようになりました。

　これらのネットワークは各社が開発した携帯電話専用のネットワーク内のみ利用可能で通常のパソコンからは見ることができないものでした。

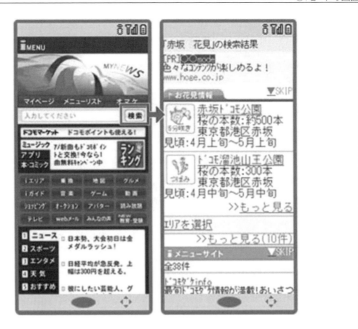

　これらのネットワークが根付いて利用者を伸ばしていた2007年に米国で革新的な変化が起きました。それはAppleがiPhoneというスマートフォンを2007年に発売し、翌年2008年にソフトバンクモバイルが国内で発売したことです。

　この革新的なモバイル端末であるスマートフォンが登場したことにより従来の携帯電話の利用率が著しく低下すると同時にモバイルサイトの数が爆発的に増えることになりました。

　モバイルサイトの目的は画面の面積が小さく、幅が狭いモバイル端末上でもユーザーが文字情報や画像情報を見やすいようにレイアウトやデザインを小さい画面に合わせて表示することでした。

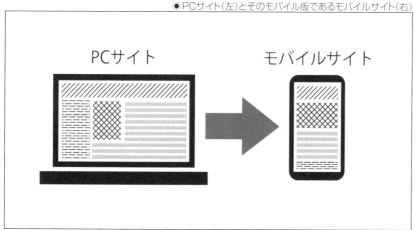

●PCサイト（左）とそのモバイル版であるモバイルサイト（右）

PCサイト　　　　　　モバイルサイト

　それらモバイルサイトはそれまでパソコン用サイトを作るときに利用するHTMLを使って作るので、iPhone上だけではなく、どのメーカーのスマートフォン上でもどのパソコンでも見ることが可能な完全にオープンな規格でした。

　そのオープンな規格のため、誰もがモバイル端末のユーザーに向けてモバイルサイトを作ることが許されました。そのため、多くの企業や個人がモバイルサイトを立ち上げその数は爆発的に増え、モバイルインターネットの世界は一気に拡大することになりました。

　スマートフォンが誕生した当初はスマートフォン専用サイトとデスクトップ（パソコン）専用のウェブサイトをそれぞれ別に作る形が主流でした。しかし、時間とともに1つのウェブサイトが画面の大きさに応じて伸縮し、画像を出し分けるレスポンシブウェブデザインという技術で作ることが大勢を占めるようになり、一度の手間でパソコンで見るサイトとスマートフォンで見るサイトの両方を作成できるようになりました。

　こうした技術が整ったことにより多くの業種のウェブサイトの訪問者がスマートフォンでアクセスすることになりました。そして訪問者の大半がパソコンユーザーではなく、スマートフォンユーザーになるというモバイルシフトという大きな変化が起こりました。

　このモバイルシフトによりウェブ集客の主戦場はパソコンのデスクトップからスマートフォンへと移ることになりました。

2-14 ◆ モバイルアプリ

　このモバイルシフトを後押しした技術がモバイルアプリというソフトウェアの登場です。モバイルアプリとは、スマートフォンやiPadなどのタブレット環境に対応したアプリケーションソフトのことで、App StoreやGoogle Playなどのコンテンツ配信サービスからユーザーがダウンロードしてインストールするものです。

　モバイルアプリはモバイルサイトと同様の機能を持つだけではなく、スマートフォンやタブレットのカメラやマイク、位置情報等の機能と連動し、より便利な機能をユーザーに提供できます。

　また、モバイルアプリはスマートフォンなどのモバイル端末のホーム画面（電源を入れて最初に表示される画面）にアイコンが表示されるので、ユーザーは画面をタッチするだけで起動できます。そのため、ウェブブラウザを使わないと閲覧できないモバイルサイトよりもユーザーに利用される可能性と頻度が高くなるという優位性を持つようになり、急速にユーザーの支持を集め普及するようになりました。

●スマートフォンのホーム画面

2-15 ◆ ホームスピーカー、スマートTV

モバイルアプリでの成功を見たIT企業はモバイルアプリの技術を応用し、アプリが利用できる範囲を拡大しビジネスチャンスの拡大を目論むようになりました。

2-15-1 ◆ ホームスピーカー

その手段として開発されたものの1つが家庭内で使うホームスピーカーです。インターネットに接続されたスピーカーが、AI技術を使うことで、音声によりサービスの依頼や質問というインプット（入力）をすると、即時にサービスの実行やAIが発する音声による質問への回答というアウトプット（出力）がされるものです。これにより、ユーザーが自分の手を使わないで操作できるハンズフリーのコンピュータが誕生しました。

AIとは、人間の知的行為をコンピュータに行わせるためのプログラミング技術のことで一般に「人工知能」と呼ばれるものです。

ホームスピーカーは専用のスピーカーを購入しなくても、近年ではパソコンや自動車にもあらかじめ搭載されるようになり一定数のユーザーの支持を獲得するようになりました。

●ホームスピーカーのHomePod mini

2-15-2 ◆ スマートテレビ

　もう1つのモバイルアプリの応用分野として開発されたのがスマートテレビ
です。専用の機器を購入し、TVテレビ接続するとスマートテレビ用に開発
されたアプリが起動します。そこから自分が好きな映像コンテンツやゲーム
を選び楽しむことが可能です。

●SONYのAndroidを搭載したスマートテレビ

　最近の市販のテレビには最初からスマートTVが搭載され、リモコンには
大手映像配信企業のアプリを起動する専用のボタンまでもが搭載されるよう
になり旧来のTV局の市場を脅かすようになりました。

　こうして世界中のサーバーとクライアントをつなぐウェブ技術を活用するこ
とにより、人々はこれまでになく利便性が高く、多様なウェブ上のサービスを
使うようになり、ウェブは人々になくてはならない情報ツールとなりました。

第 2 章
ウェブ集客の手段

ウェブを使った集客方法にはさまざまなものがあります。その1つひとつを知ることにより、ウェブ集客の可能性が広がり、ビジネスを成功させるための新たな視点が得られます。

ウェブ集客の12の方法

これまで解説してきたようにウェブ上には日々新しいサイト、サービスが生まれ、目まぐるしいスピードで発展し、人々はウェブを毎日のように使うようになりました。そして友人や同僚、知らない人たちと交流するだけでなく、必要な情報を瞬時に手に入れ、欲しい商品やサービスを見つけお金を払うようにまでなりました。このことは、売り上げを増やし業績を伸ばそうとする企業や個人に非常に大きなチャンスを提供します。

これはとても素晴らしいことです。しかし、ウェブを使った集客方法を学ぼうとする人には困ることでもあります。なぜならウェブを使った集客技術をある時期に学んでも、すぐにその知識は陳腐化しまうからです。

それだけではなく、ウェブは急速に拡大しているため、知るべきことが増えてしまい、学習内容の複雑化をもたらすことにもなります。

しかしどんなにウェブが発展、拡大してもウェブ集客の本質は変わることはありません。

ウェブを使って集客をするためには「他者が運営する集客力のあるウェブサイトに自社の商品・サービスを掲載してもらう」「自社独自のウェブサイトを作り、その集客力を高めるための活動をする」のいずれか、または両方をする必要があるというだけです。

これらの選択肢を細分化すると、ウェブを使った集客手段は少なくとも12の方法を見つけることができます。規模の小さな企業、立地条件の悪い店舗でもこれらの手段の1つか複数を使うことによりウェブ集客が可能になります。

ウェブ集客の12の方法は次の通りです。

- ポータルサイト
- オンラインショッピングモール
- ネットオークション
- リスティング広告
- アフィリエイト広告
- 比較・口コミ・ランキングサイト
- マッチングサイト

- 電子メール
- ソーシャルメディア
- 代理店
- 無料コンテンツ・無料サービス
- SEO

●ウェブを使った12の集客手段

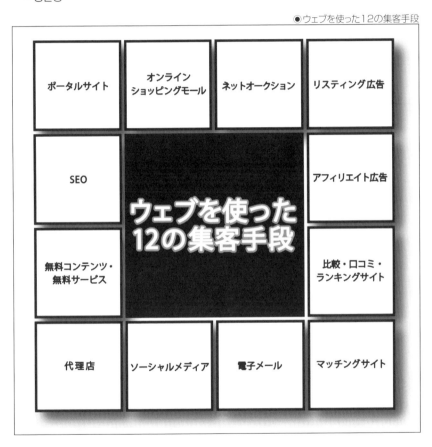

以降でそれぞれ解説しています。

$\mathcal{2}$ ポータルサイト

ウェブ上に存在するサイトの中でも最も集客力があるサイトの1つがポータルサイトです。ポータルサイトに自社の商品・サービスの情報を掲載することにより集客に成功している企業が多数あります。

第1章で説明したようにポータルサイトというのは網羅的なカテゴリの情報を取り扱う総合ポータルサイトからスタートしました。そして今日では特定のジャンルに特化した特化型ポータルサイトがユーザーに支持されるようになりました。

特化型ポータルサイトには業種別ポータルサイトの「ホットペッパービューティー」「ホットペッパーグルメ」「SUUMO」「食べログ」「弁護士ドットコム」、地域別ポータルサイトの「エキテン」などがあり、非常に多くのユーザーが利用するようになっています。

2-1 ◆ ポータルサイトへの掲載方法

ポータルサイトに自社の情報を掲載してもらうには社名、店舗名、住所、連絡先などの基本情報と、取り扱っている商品やサービスの情報を登録する必要があります。

登録する情報は文字情報の他に、商品やサービスのイメージを見込み客に伝えるための写真やイラストなどの画像などが含まれます。訴求力のある文字情報と魅力的な画像を用意する手間がかかりますが、この手間を惜しむとせっかく掲載されてもポータルサイトのユーザーからの反応が悪くなります。

すでに掲載されていて成果を上げていそうな同業者の文章と画像を一通り見て作成することと、掲載を継続するときは適時掲載内容を改善して反応率を高める作業をするべきです。

情報を登録した後は、ポータルサイト運営企業の編集者による一定の審査があり、合格すると掲載料金が請求され、掲載が開始されます。

開業状況 [必須]	○ 開業予定 ◉ 開業済み
開業時期 ※未開業の場合は開業希望時期をご選択ください。 [必須]	▼ 年　　▼ 月
貴店名 [必須]	例）サロンR
ご担当者名 [必須]	例）かもめ 花子
貴店の業種 [必須]	業種を選択　▼
席数（半角） ※未定の場合はおおよその予定席数をご記入ください。 [必須]	例）5　　席
貴店郵便番号（半角）	例）123　-　例）4567
貴店ご住所 ※未定の場合はおおよそのエリアをご記入ください。 [必須]	都道府県　都道府県を選択▼ 市区郡以下　例）千代田区丸の内1-9-2
連絡先電話番号（半角） [必須]	例）08000000000 ※ハイフンは不要です
	例）sample@recruit.co.jp

　たくさんの見込み客が訪れるポータルサイトは企業にとってとても便利な集客ツールですが、その利用にはメリットとデメリットの方法があります。

2-2 ◆ ポータルサイトを利用するメリット

　ポータルサイトを利用するメリットは次の通りです。

2-2-1 ◆ すぐに見込み客に自社商品・サービスの存在を知ってもらえる
　1つ目のメリットは即効性の高さです。ポータルサイトには毎日非常に多くの見込み客が商品やサービスを探しに訪問するため、そこに自社の情報を掲載すると瞬時に見込み客の目に触れることになります。

2-2-2 ◆ 継続的な集客が見込める

掲載の効果は最初だけでなく、掲載中は継続的に見込み客の目に触れることになり長期間にわたる集客が可能になります。

2-3 ◆ ポータルサイトを利用するデメリット

ポータルサイトを利用するデメリットは次の通りです。

2-3-1 ◆ 掲載料金がかかる

ポータルサイトの高い集客力は、ポータルサイト運営企業の普段の集客に対する努力によって実現されているものです。その集客力を維持するためのコンテンツの制作、編集、取材、システム開発、広告の出稿などに多額の投資が行われています。こうした投資を十分していないポータルサイトはユーザーに利用されなくなってしまい、他のポータルサイトにその地位を奪われることになります。

これらの運営コストを回収するためにポータルサイト運営企業は掲載企業に対して一定の料金を課金する必要があります。そのため、掲載企業側は掲載料金を1度だけでなく、掲載期間中は毎月、または毎年支払うことを求めます。

新しくオープンしたポータルサイトや不人気なポータルサイトの掲載料金は比較的安めに設定されていますが、業界トップレベルの知名度があるポータルサイトの掲載料金は毎月数万円から数十万円、多いところでは数百万円を超えることもあります。

2-3-2 ◆ クーポンを提供するため利益率が低下する

人気の高いポータルサイトの中には割引クーポンを掲載企業に設定することを求めているところがあります。そうしたポータルサイトは割引クーポンを全面に出すことにより、ユーザーに大きな価値を提供し集客力を高めています。

掲載企業が割引クーポンを提供することにより本来得られる売り上げが減少し利益率が下がります。場合によってはクーポンを使って申し込んだ顧客からはほとんど利益を得ることができず赤字になることすらあります。

初回取引では利益が出にくいため、クーポンを使って来店した顧客には2回目以降の利用の際にはクーポンなしでの利用を促進する必要があります。満足のいくサービスを提供しファンになってもらう努力をし、メールマガジンの配信や、SNSでの情報配信をするなどしてリピート利用を促進するという独自の販促活動が求められます。

2-3-3 ◆ 追加の広告費がかかるため利益率が低下する

人気のあるポータルサイトにはたくさんの競合他社の情報が掲載されています。そのため、目立つ場所に掲載されるために追加料金を支払うプランや、ポータルサイト内に表示される広告を購入するケースが増えています。より多くの反響を得るためにはこうした追加費用がかかるということを認識し、その上でポータルサイトに掲載をするかどうかを検討すべきです。

2-3-4 ◆ リピート率が低い見込み客が来やすい

割引クーポンに関心が高いユーザーがポータルサイトを利用して顧客になった場合、他の媒体経由で来た顧客と比べてリピート利用する確率が低いことがあります。

その理由は割引クーポンを好む傾向のある顧客は日ごろから安い料金の店舗を探しており、1つの店舗に定着せずに、お得な割引クーポンを提供している店舗を毎回探しているからです。割引クーポンの提供は確かに有効な集客テクニックではありますが、それに依存せずに店舗が提供するサービスそのものの差別化、質が高いサービスの提供を心がけ、割引がなくてもリピート来店してもらえる取り組みをしなくてはなりません。

2-4 ◆ ポータルサイトを利用する際の注意点

　このように集客力が高いポータルサイトは見込み客を獲得しようとする店舗にとって非常に魅力的な集客ツールですが、予想以上に掲載料金や広告費がかかることがあることと、割引クーポンに依存した集客を繰り返すと、売り上げは増えたとしても利益が増えるどころか赤字になるリスクがあるということを承知した上で利用の検討をしましょう。

3 オンラインショッピングモール

　オンラインショッピングモールとはインターネット上において、実際の商店街のように複数の商店の商材情報を1つのサイトにまとめて、さまざまな商品やサービスの販売機会を提供するウェブサイトのことです。

　オンラインショッピングモールの上位6社の流通総額は次の通りで、国内では、楽天市場、Amazon、Yahoo!ショッピングの3大オンラインショッピングモールが圧倒的な存在感を持っています。

●オンラインショッピングモールの流通総額

順位	サービス名	流通総額	出典
1位	楽天	3兆8595億円（トラベルなど含む）	楽天 2022年度決算短信・説明会資料
2位	Amazonジャパン	3兆4238億円（推測）	eccLab
3位	Yahoo!ショッピング	8519億円	Zホールディングス 決算説明会資料
4位	ZOZOTOWN	3423億円	ZOZO 決算報告資料
5位	au PAY マーケット	1287億円（推測）	eccLab
6位	Qoo10	1209億円（推測）	eccLab

　そのため、多くの企業が楽天市場、Amazon、Yahoo!ショッピングのうちいずれか、またはすべてに出店しています。

3-1 ◆ オンラインショッピングモールを利用するメリット

オンラインショッピングモールを利用するメリットは次の通りです。

3-1-1 ◆ モール側が集客した見込み客に自社商品を露出することができる

モールを利用する最大のメリットはモール主催企業が莫大な費用と手間をかけて集客した見込み客に自社商品を知ってもらうチャンスが得られるということです。

通常、見込み客に自社商品の存在を知ってもらうには独自の集客活動が必要です。そのためにはウェブサイトの集客ノウハウ、運営ノウハウ、運営スタッフの雇用と教育、ネット広告の予算確保や、最新の集客ノウハウを得るための知識のアップデートも必要になります。

3-1-2 ◆ モールの信用を利用できる

オンラインでのショッピングが普及した現在でも、初めて訪れたウェブサイトで商品を購入するには抵抗を感じるものです。代金を支払っても商品が届かないリスクや、クレジットカードなどの個人情報の漏洩リスク、期待したものとは異なった商品を購入したときに返品・返金が可能かなどの不安を払拭するのは困難です。

しかし、有名なモールに出店しているショップなら万一のときはモール側による保証が期待できることや、中小企業や零細企業のウェブサイトに比べて個人情報漏洩を防ぐ堅牢なセキュリティを期待できます。モールに出店することによりこうしたモールが持つ有形・無形の信用性を利用し、売り上げを増やすことが可能です。

3-1-3 ◆ ユーザー登録、配送先情報入力、クレジットカード情報の
入力が不要になる

中小企業や零細企業のウェブサイトが抱えるもう1つの購入障壁は、ユーザー登録、配送先情報の入力、クレジットカード情報の入力をしなくてはならないという手続きの手間です。

モールに出店しているショップを利用すれば、過去に登録した氏名や配送先住所、クレジットカードの情報を再利用できます。これにより手続きの手間が省けるため大きな購入障壁を取り除くことが可能になります。

3-1-4 ◆ モールのポイントシステムが利用できる

モールのユーザーは過去にモール内に出店しているショップから商品を購入して貯めたポイントを使うことができるので実質割引価格で商品を購入することが可能になります。さらに、商品を別のショップから購入してもポイントを貯めることができるので将来自分が欲しいものを販売しているショップがモール内で見つかったときに購入しやすくなります。

3-1-5 ◆ システム開発費がかからない

通常、ウェブで商品を販売するには独自ドメインを取得してネットショップを開発する必要があります。モールに出店することによりウェブサイトの制作費用だけでなく、ショッピングカートシステムや顧客管理システムなどの高額なシステム開発費やその維持費をゼロにすることができます。

3-1-6 ◆ 販売ノウハウをある程度モールが提供してくれる

リアルの世界での販売ノウハウとウェブでの販売ノウハウには共通点もありますが、違いもたくさんあります。過去にモール内で販売に成功した他社の成功事例を集積しているモール側の担当者がアドバイス、コンサルティングするというサポートサービスが利用できます。また、楽天市場では出店企業向けの講座をオンライン、オフラインで開催しているのでたくさんの販売知識を習得することが可能です。

3-1-7 ◆ 物流サポートが利用できる

より早く商品を手に入れたいと願う顧客を満足させるにはスピーディーな配送を可能にする物流システムの構築が不可欠です。しかし、独自の物流システムを構築するには大規模な倉庫の確保や在庫管理システムの構築、物流スタッフの確保が必要になります。

大手のオンラインショッピングモール運営企業は競争力を高めるため物流に対して莫大な投資を行っています。出店企業は一定の手数料を支払うことによりこれらの物流サポートを利用することができます。

3-1-8 ◆ 決済システムが利用できる

　商品を顧客に購入してもらうためには事前に商品代金を払ってもらう必要があります。そうしないと商品代金を払わない顧客が増えてしまい経営が立ち行かなくなります。

　クレジットカードが普及したことによりクレジットカードでの決済が代金支払いの主流を占めるようになりました。こうした決済システムを自社独自で充実させるためには手続きの手間やその管理に少なくない費用がかかります。モールに出店する企業はモール側が用意した多種多様な決済システムを一定の手数料を支払うことにより利用できるためにユーザーに対して幅広い支払いの選択肢を提供することが可能です。

●オンラインショッピングモールの仕組み

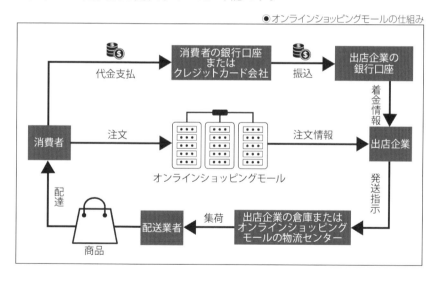

3-1-9 ◆ メールマガジンが配信できる

　独自ドメインを使った単独のウェブサイトに比べると圧倒的な集客力があるモールですが、集まった見込み客を自社ショップに誘導するだけは大きな売り上げを立てることはできません。

　売り上げを最大化するには自社ショップで購入してくれた既存客にメールを配信して新商品や他の商品を宣伝する必要があります。

　ほとんどのオンラインショッピングモールには既存客にメールマガジンを配信するシステムが備わっているのでこのメールによる販促活動が実施しやすい環境が整っています。

●楽天市場から配信されたメールマガジンの例

かつら専門店あっちパパ a-papa@shop.rakuten.co.jp x265.secure.ne.jp 経由
　To suzuki ▾

マラソン・ポイント祭間もなく終了です！

鈴木 将司 様

こんにちは　あっちママです!(^^)!

夏まっさかり、、本当にむしむしと暑く、さわやかな風の恋しい今日この頃です。。。

さて、5日から始まった楽天マラソンセールも本日（正確には明朝10日01：59：59）終了します。

暑い日が続きますと、ウィッグの襟足部分に汗がついて、傷みが促進しますし、何より汚れや臭いが気になって仕方がないです。

まず、襟足の髪の毛の傷みはこうしましょう！

シャンプー後、軽くタオルドライして、全体に直接トリートメント剤をでコームで梳かしながら特に傷んでいる部分には、トリートメントをしっかり塗り込んでくださいね。

ウィッグをそのまま小さな透明のポリ袋等に入れて結わえて　しっかりと閉じます。

そのまま30〜1時間くらい、少しだけ熱めのお湯（50℃くらい）を入れた洗面器等にプカプカ浮かしておいてみてください。

　このようにたくさんのメリットがあるオンラインショッピングモールですが、同時にデメリットも多数あります。

3-2 ◆ オンラインショッピングモールを利用するデメリット

オンラインショッピングモールを利用するデメリットは次の通りです。

3-2-1 ◆ 売り上げに対して出店手数料や売り上げロイヤリティを支払わなくてはならない

モールを利用するにあたっての最大のデメリットは、毎月の出店手数料の支払いとモール内での売り上げに応じた売り上げロイヤリティを払わなくてはならないということです。売り上げロイヤリティとは、売り上げに対してある一定の割合を出店企業がモール運営企業に支払うシステム使用料金のことです。

毎月の出店手数料は数万円から数十万円の範囲の出費ですが、売り上げロイヤリティは売り上げが増えれば増えるほどそれに応じて増えます。

楽天市場には出品商品数に応じて複数の出店プランがあり、月額手数料は1万9500円から10万円で、売り上げロイヤリティが商品代金の2%から7%かかります。

Amazonの月額手数料は小口出品の場合は無料ですが、基本成約料が1回につき100円かかります。そして売り上げロイヤリティは商品代金の8%から15%かかります。

大口出品の場合は月額手数料が毎月4900円、基本成約料はかかりませんが、販売手数料は小口出品と同様に8%から15%かかります。

Yahoo!ショッピングでは出店手数料や売り上げロイヤリティが2013年から無料になりました。しかし、モール内での露出を増やすためには広告費を払う必要があるため、実質的には完全無料とはいいにくいものです。

3-2-2 ◆ 想定以上に販促費、経費がかかる

月額手数料や売り上げロイヤリティの他にも、クレジットカードなどの決済手数料は売り上げ額の数パーセントかかることがあります。他にも、物流業務をすべて、または一部モール側に委託する場合の費用や、ポイント提供のための費用などがかかることがあります。

さらに、モール内での露出を増やすための広告費や、モール内の検索エンジンでの上位表示のために必要なお客様レビューの数を増やすためのプロモーション費用がかかることもあります。こうして、出店する前に想像した以上の経費がかかり利益率を圧迫するケースがあるのが現実です。

3-2-3 ◆ ページ作成の自由度が低い

モール内で作成される自社商品の販売ページの仕様には決められた規格があり、システム上の制約があるため自由なデザインのページを持つことは困難です。そのため、思ったような世界観のショップを構築することは容易ではなく、価格以外の要素で競合他社と差別化するにはかなりの販売スキルが求められます。

3-3 ◆ オンラインショッピングモールを利用する際の注意点

このようにオンラインショッピングモールに出店することのメリットはとても魅力的ですが、デメリットも多く、出店する際には次の注意点に留意する必要があります。

3-3-1 ◆ モール内での競争が激しいので自社オリジナル商品を出品しないと儲けが少ない

これまで述べたようにモールに出店するには出店当初予想した費用の他に、モールの便利な機能を使えば使うほど費用が増加する傾向があります。そのため、モールを十分活用するには十分な利益を確保するための粗利益率が高い商品を販売する必要があります。

自社のオリジナル商品をモールで販売すれば、価格設定の自由度は高く、企業努力によるコスト削減も同時に行えば高い粗利を確保しやすくなります。しかし、メーカーや卸から商品を仕入れて販売するという小売業モデルのショップは、できることが限られてしまい非常に不利な立場に置かれます。そのため、十分な利益を出すことができずモールからの撤退を余儀なくされることが多々あります。

3-3-2 ◆ 出品数を増やさないと露出が増えない

大手のオンラインショッピングモール内には数百万から数億点の商品が出品され、数多くの企業が販売競争にしのぎを削っています。そのため、モール内の検索で上位表示をすることが困難な状況です。

こうした状況を打開するためには少数の商品を出品するのではなく、なるべくたくさんの商品を出品する必要があります。そうすることにより検索結果の上位に表示される機会が増えます。そして一度でも自社ショップで商品を購入してくれた既存客にはメールマガジンを送信してリピート購入や、他の商品を購入してもらうための販促活動をして利益を増やす取り組みが求められます。

3-3-3 ◆ レビューを増やさないと露出が増えない

モール内での検索エンジンで上位表示するためには商品の感想を書き込んだレビュー投稿を増やす必要があります。これはレビューが少ない商品よりも多い商品のほうが信頼性が増すという考えに基づいて、モール運営企業が信頼性の高いショップの商品を上位表示させようとしているからです。

レビューはその数だけでなく、各モールが独自に作った評価システムで高い評価を得る必要もあります。星印が1つのレビューよりも最大値である5つかそれに近いほうが信頼できるのが理由です。

高い評価のレビューを得るには販売ページ内に記載した商品の価値を顧客に提供することと、そしてできれば顧客が商品に期待する価値を大きく上回ることが望まれます。このことを実現するためには高い商品企画のセンス、適切な価格設定、わかりやすいプレゼンテーション、きめ細かい接客やサポートを提供するスキルが求められます。

●楽天市場の検索結果ページに表示されるレビューの例

3-3-4 ◆ モール側のルールに従わなければならない

　モール運営企業はユーザーに提供する価値を高め、利益を増やすために頻繁に商品販売の取り決めを変更します。こうした変更は法律の改正や社会動向の変化に対応するために実施されることもあります。

　近年では、モール側が出店企業にとって不利な条件を強いることを政府が規制する動きが生まれるようになりました。しかし、その規制は十分とはいえずモール運営企業と出店企業の力の差から多くの軋轢が生まれています。

モール運営企業が要求する変化に柔軟に対応できない店舗は最終的に退店をせざるを得なくなるということを忘れてはなりません。

3-3-5 ◆ モール側が各種料金の値上げや新しいサービスを始めて その費用を請求することがある

モール運営企業は新しいサービスの課金や販促費の値上げを出店企業に対して実施します。そうした要求にも耐えられるだけの運営能力や資金的な余裕を確保する必要があります。

3-3-6 ◆ モールでは商品を売るのではなく、名前を売ることを 当面の目標にする

これまで述べてきたようにオンラインショッピングモールにはたくさんのメリットがあり、提供されるサービスを使うことにより多くの経営課題が解決できます。しかし、そこには膨大な経費がかかっており、その費用は出店企業が支払う必要があります。

そのことにより、出店前に想像していたよりも利益が出ないというジレンマに陥ることが多々あります。

この問題を解決するにはモール内での販売に依存するのではなく、モールは複数の販売チャンネルの一つでしかないと位置付けて他の販売方法も併用することが賢明な選択です。

その選択の中でも最も有力なのが、自社ドメイン名を取得して自社独自の公式サイトを運営することです。そうすることによりモール内でたくさんのファンを増やし、ファンの多くが自社のショップ名や、会社名、または商品名でGoogleやYahoo! JAPANなどの検索エンジンで検索し、公式サイトを訪れてくれるようになります。そしてそのときは販売手数料を誰にも支払う必要はありません。

賢明な企業はモールで名前を売り、公式サイトで利益率の高い商品を売るという戦略を用いてウェブを使った販売に成功しています。この成功の方程式をいつも忘れなければモールを使ったウェブ集客は大きな収穫をもたらすことになるでしょう。

●医療用ウィッグ販売店の楽天市場内のショップ、Yahoo!ショッピング内のショップと公式サイトの例

4 ネットオークション

　ネットオークションで利用者数の多いものはヤフオク!、楽天オークション、モバオクです。その他にはフリマアプリサービスのメルカリ、ラクマなどが近年、利用者数を増やしています。

　ネットオークションはオンラインショッピングモールと比べて出店手数料や販売手数料が少額なため気軽に利用できる販売チャンネルです。出品手数料は無料で、販売手数料は3.85%から10%、月額会費は無料のところから462円程度と出費が少ないのが特徴です（2022年3月現在）。

●ヤフオク!の出品者評価ページの例

　ネットオークションは個人だけでなく、多くの法人が出品して売り上げを立てています。ネットオークションは希少性がある商品を売るのに最適な販売チャンネルです。どこの店舗でも買えるものではなく、輸入雑貨や期間限定商品、非売品、製造中止になったもの、人気ゲーム機など供給が少なく入手困難なものを売るのに適しています。

出品するときには次の点に気を付けると売れやすくなります。

- 商品の基本情報(商品名、メーカー名、型番、サイズ、材質など)をしっかりと記載する。
- 商品の状態(傷、汚れ、動作状況など)を誠実に記載する。
- 商品のタイトル内に検索されそうなキーワードを記述する。
- 商品の写真をきれいに撮影する。

ネットオークションには取引に対する評価システムがあり、売り手も買い手もお互いが評価し、それが第三者に公開されます。誠実な対応をいつも心がけて信用を高める必要があります。

5 リスティング広告

リスティング広告は検索連動型広告ともいわれ、検索エンジンでユーザーが検索したキーワードに関連する内容の広告を検索結果画面に表示する広告のことです。

通常、検索結果画面の一番上と一番下に表示されますが、最も目立つ部分である一番上に表示されるためユーザーの目に触れる機会が最も多いため大きな集客効果が望める広告です。

● モバイル版Googleでの検索結果画面

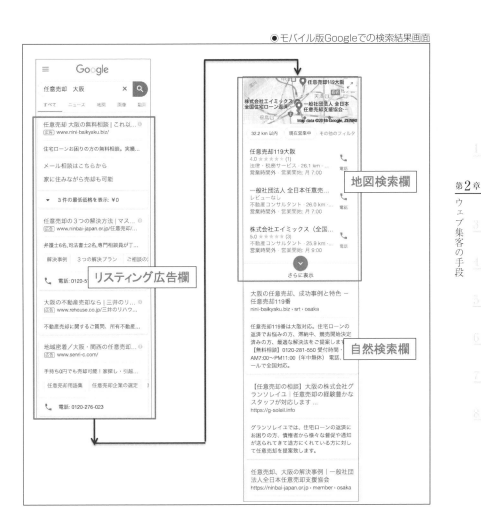

　ウェブ上の広告にはバナー広告やテキスト広告など、さまざまな広告がありますが、検索ユーザーは自分が探している情報を見つけるために検索エンジンを使うので、検索したキーワードとの関連性が高いこの種の広告は検索ユーザーに見られる確率が高いという特徴があります。そのためリスティング広告は集客効果が非常に高いといわれ広告主に非常に人気があります。

5-1 ◆ リスティング広告の利用方法

　国内のリスティング広告の大手はGoogle検索で表示されるGoogle広告、Yahoo!検索で表示されるYahoo!広告、そしてMicrosoft Bingで表示されるMicrosoft広告があります。

　国内の検索エンジン市場ではGoogleとYahoo! JAPANを合わせるとPC版もモバイル版も8割以上のシェアがあるため、リスティング広告の国内市場はGoogle広告とYahoo!広告の二強が寡占的な地位を占めています。

●国内の検索エンジン市場のシェア（出典：StatCounter）

	Google	Yahoo! JAPAN	Microsoft Bing	DuckDuckGo
PC版	71.50%	11.02%	16.65%	0.36%
モバイル版	80.06%	18.91%	0.37%	0.27%

　出稿の手続きは、Google広告とYahoo!広告ともにオンラインでできます。ユーザー登録が完了したら広告の見出し、リンク先ページのURL、説明文を設定し、どんなキーワードで上位表示をしたいのかを指定します。そしてクレジットカードなどで広告費を支払えばすぐに広告表示の申し込みができます。料金は最低1000円を支払えば広告の表示が可能です。内容に問題がなければ直ちに表示を開始できます。

　リスティング広告の広告費はユーザーが広告のリンクをクリックした時点で課金されます。このことをクリック保証と呼びます。1クリックあたりの広告費用は競争入札制です。広告主が個々のキーワードに対して、このキーワードにはいくらを払うというように希望入札額を管理画面上で入力します。

　検索結果の広告欄に表示される順位は主に次の4つの要因で決定されます。

- 希望入札額が他社よりも高いか？
- 広告の品質が高いか？
- 広告のリンク先ページの品質が高いか？
- ユーザーが探している内容の広告であるか？

競合他社の入札額よりも少しでも高く設定し、法的、倫理的に問題がなく、ユーザーがクリックしたくなるような魅力的な広告文を書くこと、その広告文と調和したウェブページを作れるか、そして地理的、時期的、内容的に特定のキーワードを検索したユーザーが探している内容の広告であるかが広告欄での表示順位を決めます。

ここまで厳密に検索ユーザーに適切な広告を表示させようという努力を積み重ねることによりリスティング広告は、検索ユーザーが求めていない内容の広告ではなく、検索ユーザーが検索するニーズを満たす広告表示システムになりました。

広告主は、広告の表示がされている最中でも、広告の管理画面で反応を見ながら自由に、希望入札額の変更や、広告文の変更ができます。また表示期間の延長や取りやめも自由に行うことができます。

5-2 ◆ リスティング広告を利用する際の注意点

少額から始められ、すぐに表示を開始できるリスティング広告は非常に便利な集客手段です。

しかし、広告だけで集客をするという考えは危険です。なぜなら広告の表示順位が低いと実際には検索ユーザーの目には止まらないからです。表示順位を高くするには広告の品質を高めるだけではなく、希望入札価格の動向を絶えず監視して、入札金額を少しでも高くしていかねばなりません。同じことを競合もしているため入札金額は年々上昇しています。

油断すると広告料金の支払いが増えてしまい、商品を売っても赤字になってしまいます。

また、ユーザーにクリックしてもらえる魅力的な広告文を書くために絶えず競合他社の広告を参考にしながらライティングのスキルを高める必要もあります。

さらには、表示順位が高くなり自社サイトへの訪問者数が増えたとしても、リンク先のウェブページの品質が低い場合は、商品そのものに魅力がなければ売り上げは増えません。日ごろからウェブページの品質を高くすることと、商品の魅力を高める努力が求められます。

こうした理由から、リスティング広告だけに頼るのではなく、検索結果に表示される地図検索欄と自然検索欄での表示順位を高めるための対策も同時に行い、全体としてバランスを取る必要性があります。

6 アフィリエイト広告

アフィリエイト広告とは、ユーザーが広告をクリックし、広告主のサイトで商品購入、会員登録などの成果が発生した際、その成果に対して報酬を支払う成果報酬型の広告です。

アフィリエイト広告を掲載できるメディアには、大手マスメディアのサイトや、比較サイト、個人のアフィリエイターのブログ、そしてInstagram、TwitterなどのSNSなどがあります。

アフィリエイト広告はリスティング広告とは違い、単にユーザーが広告をクリックだけで料金が発生するものではなく、商品購入、会員登録などの成果が発生した場合にだけ料金が発生するため企業にとって費用対効果が高い広告です。

アフィリエイト広告を利用するには2つの課題があります。1つはアフィリエイト広告を掲載してくれるウェブサイトやブログなどの掲載メディアを見つけることです。こうしたアフィリエイト広告を掲載するメディアはアフィリエイターと呼ばれています。

大きな集客効果を上げるには1人のアフィリエイターにアフィリエイト広告を掲載してもらうだけでは不十分です。なるべくたくさんのアフィリエイターに掲載してもらう必要があります。

しかし、アフィリエイト広告を掲載してくれるアフィリエイターを見つけるには多くの時間がかかります。また、訪問者数が多いサイトやブログを運営するアフィリエイターを探すことは簡単なことではありません。

この課題を解決するために、アフィリエイト広告を利用しようとするほとんどの企業はASPを利用します。ASPとは、アフィリエイトサービスプロバイダー（Affiliate Service Provider）の略で、広告主とアフィリエイターを仲介する企業のことです。国内の代表的なASPにはA8.net、バリューコマース、リンクシェア、アクセストレードなどがあります。

　これらASP各社は日ごろからアフィリエイターを募集しており、副業で収入を得ようとする個人アフィリエイターや、事業として広告事業をしたいと願う企業アフィリエイターを募集しています。アフィリエイターの登録は無料で、一定の審査に合格すればアフィリエイターとして登録されます。

　登録されたアフィリエイターにはたくさんの掲載案件がASPから紹介され、アフィリエイターは好みの広告を選びます。広告主がアフィリエイターのサイトやブログをチェックして内容的に問題がなければオンライン上で契約が結ばれすぐに広告を掲載することが許されます。

　企業がアフィリエイト広告を利用するための2つ目の課題は、広告をクリックしたユーザーがリンク先の広告主のサイトを訪問して商品購入や会員登録をした事実を記録するシステムを確保することです。

　このシステムがしっかりしたものでないと、アフィリエイターがせっかく広告を掲載しても、サイト訪問者が実際に商品を購入したのか、会員登録をしたのかがわからなくなり広告収入を得ることができなくなります。

　ASPはこの課題を解決するために、広告をクリックしたユーザーが広告主の望むアクションを取ったかどうかを記録して、それをアフィリエイターと共有するシステムを提供しています。このシステムの開発や維持にはたくさんのコストがかかるためほとんどの広告主がASPを利用するようになりました。

　ASPに登録しているアフィリエイターもASPのこの広告成果を記録するシステムを信用することができるからこそ積極的に広告主の広告をウェブページに掲載することが可能になり、多くのアフィリエイターがASPに登録するという流れが生まれ定着するようになりました。それにより優秀なアフィリエイターを求める企業と、労力に見合う広告料金を払ってくれる企業を求めるアフィリエイターたちが出会うことが可能になりアフィリエイト広告は企業の集客手段として定着するようになりました。

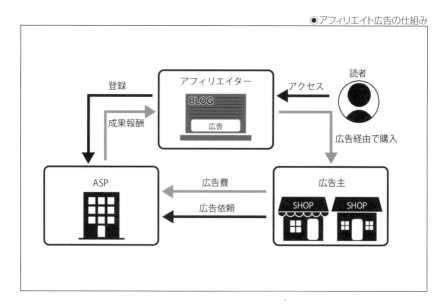

●アフィリエイト広告の仕組み

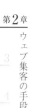

7 比較・口コミ・ランキングサイト

　比較サイト、口コミサイト、ランキングサイトは消費者が比較検討をしやすくするための判断材料を提供するものや、それらのデータに基づいておすすめのランキングを発表しています。これらのサイトは消費者が考える手間を省くという価値を提供しているため近年非常に人気があります。

　ほとんどの物販や、旅行、グルメに関するキーワードでGoogle検索をすると上位10位のうち半数近くが比較サイト、口コミサイト、ランキングサイトであるという状況が生まれています。このため、比較サイト、口コミサイト、ランキングサイトに掲載されるとすぐに見込み客から問い合わせや申し込みが増えるという即効性があることが確認されています。

　しかし、それらのサイトに掲載されるにはほとんどの場合、広告料金、掲載料金がかかります。そのため、これらのサイトに自社の商品情報を掲載してもらうためには、商品の売り上げ代金から一定の費用を運営企業に支払う必要があります。

そして最終的には大手企業などの資金力が豊富で、多くの顧客を抱える大企業が上位表示されることが予想されます。そのため、今後は経営資源が乏しい企業はこうしたサイトを利用して集客することは、困難になることが予想されます。

　こうした理由から比較サイト、口コミサイト、ランキングサイトへの掲載だけにウェブ集客を依存することは危険です。さまざまな集客手段の1つとして利用することが現実的な利用方法だといえます。

● 「美容液」でのGoogle検索結果

8 マッチングサイト

マッチングサイトとは、運営側が物品やサービスを必要とする企業とその提供企業を、恋人や結婚相手を探す個人同士など、さまざまな需要に応じて事業者・個人を仲介するウェブサイトのことをいいます。その中でも事業者同士の仲介をするものはビジネスマッチングサイトとも呼ばれます。

代表的なビジネスマッチングサイトとしては、全国の商工会議所の会員同士が発注先を探す「ザ・ビジネスモール」、製造企業と部品メーカーをマッチングする「NCネットワーク」、美容や健康食品の企業が仕入先や外注先を探す「健康美容EXPO」などがあります。

マッチングの手数料は、商工会議所・商工会が運営するザ・ビジネスモールの場合は会員であれば無料で掲載できます。その他のマッチングサイトでは一定の出品数までは無料でそれを超えると初期費用や月額掲載料金がかかります。

●商工会議所・商工会が運営するザ・ビジネスモール

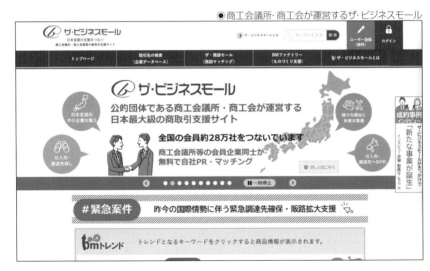

$\mathit{9}$ 電子メール

電子メールはウェブ集客において非常にパワフルな集客ツールです。その理由は、インターネットを使ったコミュニケーション手段では電子メールが最も普及しているからです。

企業においては日々の業務における連絡手段として使われ、消費者の日常生活では友人や家族との連絡手段の他に、ウェブサイトで商品やサービスを申し込む際に必ずといってよいほど企業との連絡先情報として入力を求められる必須項目となっています。

こうした理由により、人々はほぼ毎日のように、そして一日に何度も電子メールをチェックして自分宛てに重要なメッセージが届いていないかを確認するようになりました。

電子メールが普及し始めたときから先進的なインターネット企業はウェブサイト集客におけるその有用性に着目し、ウェブサイト上での売り上げを増やすためにさまざまな形の電子メールを配信し、業績を大きく伸ばしてきました。

9-1 ◆ メールマガジン

企業が集客のために配信する電子メールの形態として最も普及しているのがメールマガジンです。メールマガジンとは、企業やウェブサイト運営者が購読者に対して電子メールを利用して情報を発信するメール配信形態の1つです。日本ではメルマガとも呼ばれ、英語圏ではEmail Newsletter、e-mail magazineと呼ばれるものです。メールマガジンはその読者対象によって次の3つに分類されます。

9-1-1 ◆ 顧客向けメールマガジン
過去にウェブサイト上で商品・サービスを申し込んだ顧客にだけ配信するメールマガジンです。楽天市場やAmazon、その他ネットショップで商品を一度でも購入するとネットショップからお得な情報や役に立つ情報が顧客向けメールマガジンという形で送られてきます。

メールマガジンはその受信者が記事を読まないと効果が生じません。そのため、単に受信者を増やすだけではなく、実際に記事を読んでくれる読者を増やさなくてなりません。

顧客向けメールマガジンを配信するサイト運営企業と1回以上の取引をしている人たちが読者であるため、メールマガジン配信者への信頼感は最も高い読者層です。そのため配信される記事を読む確率は高く、記事内で紹介されている商品・サービスを購入する確率は最も高くなります。

●楽天市場に出店している企業が顧客に送信したメールマガジンの例

こうした良質な読者を増やすために、業績のよい企業は利益率が低くても見込み客が買いたくなるような魅力的な商品・サービスを低価格で販売し、顧客向けメールマガジンの読者を増やすことに力を入れています。

そして利益率の高い商品・サービスをメールマガジンの記事内で紹介して販売ページに誘導し、購入を促します。こうすることにより一度でも企業を信用して商品・サービスを購入した良質なメールマガジン読者に対して、アップセル（顧客が購入したもの・購入しようとしているものよりも、さらに上位の商材を提案し購買してもらうこと）やリピート購入を促すという長期的なマーケティングを実施して大きな成果を上げています。

こうしたマーケティングの手法において、メールマガジンの読者を増やすために提供する商材のことを「フロントエンド商材」と呼びます。そしてフロントエンド商材を購入した顧客に配信する顧客向けメールマガジンの記事内で紹介する利益率が高い商材を「バックエンド商材」と呼びます。

また、顧客向けメールマガジンの受信者たちのメールアドレスリストのことを「リスト」と呼びます。売り上げを増やすためにはまずはリストの数を増やし、バックエンドの商材を購入したくなる魅力的なメールマガジン記事を書ける企業が業績を伸ばしています。

反対に最初から利益率が高い商品・サービスを売ろうとする企業は、競争力が低いために顧客を増やすことが困難になります。そのため一向に顧客数が増えず、メールマガジン記事内からの読者数も増えません。その結果、新規客を増やすためには広告などの多額の費用がかかる出費が必要になり悪循環に陥ることになります。

ウェブを使って集客するときは、このように長期的な視点を持ち、顧客を育てていくという戦略を持つことが求められます。

顧客向けメールマガジンの成約率は非常に高く、100人にメールマガジンを配信したら1人から10人の確率での購入が期待できます。つまり成約率1%から10%までを期待できるという非常に費用対効果が高い集客手段です。

9-1-2 ◆ 無料ユーザー向けメールマガジン

　過去にウェブサイト上で無料サービスを申し込んだ顧客にだけ配信する
メールマガジンです。無料サービスには、無料ソフト、無料ツール、無料テ
ンプレート集、無料オンラインセミナー、ポータルサイトや求人サイトへの無料
掲載サービスなどがあります。

　多くの業績のよい企業がさまざまな無料サービスを提供して、利用者が申
し込み時に記入するメールアドレスを収集しています。そしてそれらのメール
アドレスに向けて、有料の商品・サービスを紹介するメールマガジンを配信
しています。

　無料ユーザー向けメールマガジンは顧客向けメールマガジンとは違い、
読者は一度もメールマガジンを配信する企業と取引をしていません。そのた
め、顧客向けメールマガジンほどの成約率はありません。

　しかし、ソフトウェアを販売する企業が、有料ソフトの無料版ソフトを作り、
提供した場合はもともとそのソフトに関心のあるユーザーだけが無料版ソフト
を利用するので有料ソフトの購入に関心を持っている確率は非常に高くなり
ます。

　また、ポータルサイトや求人サイトへの無料掲載サービスにおいても、ユー
ザーが無料掲載を申し込んだポータルサイトや求人サイトへの関心は高い
ため、有料掲載サービスを利用する可能性は高い傾向があります。

　そのため、無料ユーザー向けメールマガジンの読者にメールマガジン記
事内で有料サービスを告知したときの成約率は、100人にメールマガジン
を配信したら0.1人から1人の確率での購入が期待できます。つまり成約率
0.1%から1%程度を期待できる費用対効果が高い集客手段です。

9-1-3 ◆ 購読希望者向けメールマガジン

　メールマガジンそのものに情報としての価値が高いコンテンツが掲載され
ている場合、そのメールマガジンを購読申し込みしてくれることがあります。
メールマガジンの配信者がマスメディアに頻繁に登場する有名人の場合
や、多数のヒット作を出している本の著者の場合などは特に購読者を増や
すことができます。

また、非常に有益な無料お役立ち情報を記事に掲載している企業のメールマガジンも情報としての価値が高いため読者数を増やすことが可能です。

　そうしたコンテンツそのものに関心が高い読者に向けてメールマガジンを配信し、記事内で有料の商品・サービスを紹介すると一定の成約率が期待できます。

　成約率はメールマガジンの配信者の信用性やコンテンツと有料商品・サービスとの関連性にもよりますが、少なくとも無料ユーザー向けメールマガジンと同様に成約率は0.1%から1%程度を期待できる有力な集客手段です。

9-1-4 ◆ メールマガジン広告

　自社でメールマガジンを発行することができない場合や、より多くの売り上げを立てるために他社が発行しているメールマガジンの広告欄を利用することができます。

　成約率は自社が発行しているメールマガジンと比べると低くなる傾向があります。理由は、メールマガジンの読者はメールマガジンを発行している著者とその著者が原稿を提供している運営企業を信用しているため、それらと関係のない広告スポンサーの情報には関心が薄いからです。

　そのため、メールマガジン記事の本文の枠外に「広告」という表示や「PR」、「スポンサー」という見出しで数行の表現される広告を無視するか、無意識に飛ばしてしまう傾向があります。

●メールマガジン広告の例

```
食品市場もガラパゴス。日本人だけが気づいてい
ない東南アジアの食品意識の大進化＝牧野武文
https://i.mag2.jp/r?aid=a62ed1f427cceb

年間380万人が利用！不動産の無料査定でいまの
資産価値をチェック
https://i.mag2.jp/r?aid=a62eb669f29483
《不動産販売　住まい1》

─[PR]─────────────────
あなたがお持ちの不動産、「今の」
資産価値が、いくらかご存知ですか？
▼▼　無料査定は、こちら　▼▼
https://i.mag2.jp/r?aid=a62eb669f2ea79
─────────────────[PR]─


■現在の人気ナンバーワン記事！
```

　メールマガジン広告の成約率を高める工夫としては、より多くの広告費を支払うことにより、メールマガジンの著者に自社の商品・サービスを利用してもらい好意的な感想を書いてもらうことです。そうすることによりちょうどアフィリエイターがスポンサー企業の商品・サービスを好意的に紹介してリンク先のスポンサー企業の商品・サービスを購入してもらうのと同じような効果が生じます。

9-2 ◆ ステップメール

　ステップメールとは、見込み客や既存客に定期的に自動配信する電子メールのことをいいます。

　ステップメールは、ウェブサイト上で資料請求をしてきた見込み客や過去に商品・サービスを購入した顧客、無料PDF資料をダウンロードした無料ユーザー、無料セミナーや無料イベントに参加した無料ユーザーたちを対象に配信されます。

自動送信される電子メールの内容は、購買者に対しては、購入のお礼や商品の活用法の紹介、新商品や関連商品の情報を、無料ユーザーに対しては商品・サービスの紹介、セミナー形式の連続講座などがあります。

　これらのメールを1日後、3日後、1週間後、数週間後のように定期的に自動配信して見込み客を育成して最終的に商品・サービスを購入してもらうことを目指すものです。

9-3 ◆ 自動送信メール

　自動送信メールとは、顧客が商品・サービスを購入した際に、自動的に顧客に配信される電子メールです。文面の内容は、無事に決済が完了して受注手続きが完了したことなどがあります。

　Amazonのように業績のよい企業は、その他にも受注した商品と関連性が高い商品の宣伝をして、ついで買いを促すよう心がけています。

　商品・サービスの購入手続きをしたときは、顧客の注意がその商品・サービスとそれを提供している企業に向いているため情報を見てくれやすい心理状態にあります。その瞬間を無駄にしないためにも、購入申し込み時に自動送信されるメールには他の商品・サービスを紹介する情報とそれらを販売しているウェブページに誘導するためのURLを記載することを検討すべきです。

　こうした地味で細かい努力により、たった一通の電子メールが1つひとつの売り上げを着実に積み上げていくことになります。

9-4 ◆ メールマガジン、ステップメール、自動送信メールの配信方法

　メールマガジン、ステップメール、自動送信メールなどの電子メールを配信するには、ウェブサイトにメール配信機能を追加するか、別途配信サービス会社と契約する必要があります。

通常、ウェブサイトをウェブ制作会社に発注するとお問い合わせフォーム、資料請求フォーム、ショッピングの買い物かごなどにはユーザーが必要項目を記入して送信ボタンを押したときに自動的に決済完了を知らせる自動送信メールが送信される機能がついてきます。

また、顧客や見込み客のメールアドレスを含む情報をサイト内のデータベースに蓄積し、好きなときにメールマガジンを配信することができるシステムが装備されているケースがあります。そうしたシステムが装備されていない場合は、別途料金を支払って配信機能を追加してもらう必要があります。

また、そうしたシステム開発の予算がない場合は、月額数千円から1万円程度の利用料金をメールマガジン・ステップメール配信サービス会社に支払えばメールマガジンやステップメールを自由に配信することが可能です。

9-5 ◆ 法律上の注意点

ウェブでの売り上げを増やそうという企業にとって電子メールはとても便利でパワフルなツールです。しかし、そのことが大きな社会問題を引き起こすようになりました。それは購読手続きをしていない企業や個人から電子メールが次々に届きメールボックスが満杯になってしまうという問題です。

ユーザーが本当に見なくてはならないメールが、それらユーザーにとって不要な宣伝メールの数々に埋没してしまうのです。その結果、ユーザーは毎日たくさんの時間をかけてメールを整理しなくてはならないという迷惑メールの問題が生まれました。

政府はこの問題を受けて特定電子メール法などの法律を定めました。受信者に無許可でメールを送信することを禁止し、違反した場合は罰金と懲役刑を科すようにしたのです。それにより名簿業者などから消費者のメールアドレスを購入して勝手にメールを送ることは法律違反になりました。

ただし、例外としてすでに取引関係のある顧客には受信者の特別な許可なしで顧客向けメールマガジンを送ることができます。

● 総務省「特定電子メールの送信の適正化等に関する法律のポイント」
　`URL` https://www.soumu.go.jp/main_sosiki/
　　　　joho_tsusin/d_syohi/pdf/m_mail_pamphlet.pdf

　メールの受信者数を増やすためには、自らが努力をして魅力的なフロントエンド商品を売り、顧客向けメールマガジンの読者を増やすことが先決です。そして魅力的な無料サービスを開発して無料ユーザー向けメールマガジンを発行すること、価値のある記事を書くことにより購読希望者向けメールマガジンを発行することが必要となります。

　つまり最初にメールマガジン読者に役立つことを行い、その見返りとしてメールマガジンを送信したときにその文面を読んでくれる信頼関係を構築することが必要なのです。

　読んでもらえないメールマガジンと読んでもらえるメールマガジンの違いはその信頼関係があるかどうかで決まるということを忘れてはなりません。

10 ソーシャルメディア

　ソーシャルメディアを使えば、自社独自でシステム開発費を払わなくても無料で情報発信ができます。

　企業がウェブ集客をする際に役立つソーシャルメディアにはSNS、動画共有サイト、無料ブログなどがあります。

10-1 ◆ SNS

　ソーシャルメディアは個人、企業が無料で情報発信ができるメディアです。そしてSNS（ソーシャルネットワーキングサービス）はソーシャルメディアの一部です。SNSは一方的に情報を投稿するのだけではなく、ユーザー同士がメッセージのやり取りをしたり、投稿された情報を共有することが可能なユーザー同士が交流できるメディアです。

国内で人気のあるSNSにはTwitter、Instagram、Facebook、LINE、Pinterestなどがあり、業績を伸ばしている企業がこれらを活用してウェブ集客をしています。

　これらSNSに企業が投稿する情報としては次のものがあります。

①ウェブサイトの更新情報

②ブログの更新情報

③スタッフの日常報告

④無料お役立ち情報

⑤無料サービスの提供

⑥イベント情報

⑦プレゼント情報

⑧アンケート募集案内

⑨マスコミの取材報告

⑩ユーザー紹介・お客様紹介

⑪商品・サービスの活用事例

⑫商品・サービスの活用方法

⑬キャンペーン情報

⑭商品・サービス情報

　これらの情報をなるべく頻繁に各SNSに投稿することにより、SNSの検索エンジンで上位表示をして顧客や見込み客の目に触れるようになります。

　それにより顧客や見込み客が、情報発信を続ける企業に好感や親近感を抱くようになり、商品・サービスを購入するタイミングが来たら自社の商品・サービスを思い出し検討する可能性が増すことになります。

●呼吸器内科クリニックのInstagramの例

　SNSを使って集客に成功している企業はこのようにして、既存客や見込み客のマインドに存在感を持つために多いところでは1日に何回も、あるいは毎日のように各種SNSに記事を投稿するようになってきました。

　近年社会問題化している迷惑メールの影響でメールマガジンの購読者数が減っています。メールを使わずにSNSでコミュニケーションを取るユーザーが増えるにつれて10年以上前のような集客効果をメールマガジンに期待することができなくなっています。SNSを好むユーザーに企業のさまざまな情報をSNSで配信することによりメールマガジンの集客効果の減少を補うことが可能になりました。

第2章
ウェブ集客の手段

　ただし、SNSに企業が投稿する情報のうち、①から⑬までは直接的な商品・サービスの宣伝ではないので、これらをテーマにした情報を日ごろは投稿した上で、⑭の「新商品・新サービス情報」という商品・サービスの直接的な宣伝をしましょう。

　そうすることにより日ごろ、①から⑬までのお役立ち情報を見て企業に信頼感を抱いてくれているSNSユーザーが⑭の「新商品・新サービス情報」を見てくれるようになります。

　いつもSNSで「新商品・新サービス情報」という商品・サービスの直接的な宣伝をしてばかりいては売り込みの情報ばかりが配信されるとSNSユーザーが認識してしまいます。そうなるとユーザーはそうした情報を受信しないようにするためにフォローを解除したり、受け取った情報を読まなくなってしまいます。

　SNSでも、メールマガジン同様に日ごろからのお役立ち情報を配信する企業との良好な関係性が基礎になるので、その基礎をしっかりと作っていくことを心がけるようにしましょう。そうすればSNSは非常にパワフルな集客ツールになります。

10-2 ◆ 動画共有サイト

　近年人気が高まっているのがYouTubeやTikTokなどの動画共有サイトです。その中でも特に人気があるのがYouTubeです。Google検索に次いで、世界で2番目に人気のある検索エンジンだともいわれるほどの影響力を持つようになりました。

　すでに業績を伸ばしている企業の多くがYouTube内にチャンネルを開設し、そこで商品・サービスの紹介動画だけでなく、視聴者に役立つ無料お役立ち動画を高頻度で投稿しています。近年、売り込みの動画だけを配信するのではなく、普段は視聴者にとって役に立つ無料お役立ち動画を中心に投稿することが集客効果があることがわかってきました。

YouTubeに企業が投稿している動画のテーマには次のようなものがあります。

①エンタメ動画

②ハウツー動画

③ニュース動画

④会社案内動画

⑤リクルート動画

⑥商品・サービス紹介動画

⑦商品・サービスの使い方紹介動画

⑧お客様取材動画

⑨作品例紹介動画

●無料お役立ち動画の例

①から③は商品・サービスの売り込みの動画ではなく、それぞれ娯楽性が高い内容の動画、何かのやり方を解説する動画、業界の最近の話題のニュースを解説する動画というような無料お役立ち動画です。これらの動画を頻繁に投稿することにより、既存客や見込み客が動画を投稿する企業を信用してくれるようになります。

　そして信用してくれるようになったら、何本かに1本の割合で④から⑨の企業や商品・サービスを宣伝する動画を作って投稿しましょう。そうすると普段より無料お役立ち動画を見て、動画を配信している企業を信用してくれている視聴者が④から⑨の動画を見てくれやすくなります。それにより動画を見た視聴者が商品・サービスを購入してくれる確率が格段に高まります。

　このように動画配信においては商品・サービスを売り込む前に、視聴者を喜ばすコンテンツを作って提供する必要があることを理解し、まずはたくさんの無料お役立ち動画を作るようにしましょう。

●Twitterでブログ記事に誘導している例

10-3 ◆ 無料ブログ

　無料ブログとは無料で誰でもレンタルできるブログサービスのことです。代表的なものとしてはアメーバブログ（アメブロ）、ライブドアブログ、はてなブログなどがあります。

　誰もが無料で情報発信をできるという意味で無料ブログもソーシャルメディアの一部です。

　企業が無料ブログを使って集客するためにはSNSや動画と同様に商品・サービスの宣伝ばかりをするのではなく、無料お役立ち記事を投稿することが効果的です。

　他には、企業の信頼性を高めるために日ごろスタッフがどのようなことをしているのか、その日常を日記のように綴るのもよいです。しかし、単なる日記ではなく、読者に何らかの気付き、学びを提供する記事だとファンが増えて、ページビューが増えて集客効果が高まります。

　そして無料ブログに記事を投稿したら、すぐに少しでも多くの人たちに見てもらうためにTwitterやFacebookでその新しい記事を紹介して無料ブログに誘導しましょう。

11 代理店

　販売代理店制度を作り、他社のウェブサイト上で商品・サービスを販売してもらうという手法があります。このやり方を採用すれば、自社のウェブサイトを持たなくても、あるいはウェブサイトの更新に力を入れなくてもウェブを活用して売り上げを増やすことが可能です。

　特に、この方法はモノづくりに特化した製造業や、マーケティングが苦手なアーティストなどにとっては本業に集中しやすくなり、自分たちの強みをより強くできるというメリットがあります。

　しかし、代理店は必ずしもこちらの思い通りに動いてくれるわけではなく、自社にとって不利にならない契約を結び、その契約を代理店が遵守しながら一定の成果を上げてくれるように管理する必要があります。

販売代理店制度を活用してウェブでの売り上げを増やすには次のような点に留意する必要があります。

11-1 ◆ 販売価格のコントロール

代理店を100%コントロールすることが困難です。よく見聞きするトラブルとしてあるのが、「代理店が勝手に値下げをして困っている」という問題です。これは化粧品業界や、健康関連グッズなどの粗利が高い商材の業界でよく起きている問題です。代理店としては自社の売り上げを増やすために他の代理店よりも価格・料金を低くしようとします。販売代理店制度を作った企業としては値崩れを防ぎ、自社のブランドイメージを維持したいものですが、代理店が勝手に値下げをするとそれができなくなります。

こうした問題を防ぐためには代理店と緊密に連絡を取ることや、代理店育成のプログラムを作り販売代理店制度を作った企業の考え方、方針を理解してもらうためのコミュニケーションに力を入れる必要があります。そうしたことをせずに一方的に取引を停止するなど高圧的なことをすると独占禁止法などの法律に違反し企業の信用が失墜するリスクがあります。

11-2 ◆ 代理店の離反

もう1つの代理店制度のリスクは代理店の離反です。一定期間、代理店として売り上げを増やしてくれた代理店が、競合他社の類似商品を販売することや、代理店自らが類似商品を企画・開発する可能性があります。

こうしたリスクを減らすためには、日ごろから代理店とのコミュニケーションを怠らず、代理店がこちらの商品を継続的に販売するメリットを考案し、それを実際に実施する必要があります。

どちらか一方だけが利益を得るのではなく、相互に利益のある利益配分を心がけて共存共栄を目指す努力が求められます。

このように販売代理店制度を作り、代理店を増やす手法はいろいろなリスクがありますが、そのリスクを最小化することができれば、自社のウェブ上での売り上げを飛躍的に伸ばす可能性を秘めています。

12 無料コンテンツ・無料サービス

　自社のウェブサイトに商品・サービスの情報や企業情報だけを掲載するだけでは大きな売り上げ増は期待できません。

　世界には無数のウェブサイトが存在しており、ユーザーは他社のウェブサイトを見て、そこで商品・サービスを申し込んでしまうことがほとんどです。

　せっかく作った自社のウェブサイトを多くの見込み客に知ってもらうための方法の1つとして有効な手段は自社サイト上に無料コンテンツを掲載することや、無料サービスを提供することです。

　無料コンテンツには、ハウツー記事や、意味の説明などの無料お役立ち情報や見込み客が困っている問題を解決する方法を解説するPDF資料、無料動画講座、無料デザインテンプレート集などがあります。

　無料サービスには、無料で誰でも自社商品・サービスを宣伝できるポータルサイトへの掲載サービスや、セミナーやイベントを無料で告知できるイベント情報サイトへの無料掲載サービスなどがあります。

　こうしたユーザーにとってメリットがある無料コンテンツや無料サービスが自社サイト内にあり、それらの価値が高いと評価されたときには、他者がサイトやブログ、SNSなどで紹介をしてくれるようになります。また、紙媒体の雑誌での紹介や、テレビや新聞などのマスメディアで紹介されることもあります。

　一定の時間と予算をかけて見込み客に有益な無料コンテンツ・無料サービスをサイト上で提供すれば、大きな広告宣伝費を使わずに、口コミで自社サイトの存在を多くの見込み客が認知して、サイトのアクセス数が増えます。そして、サイトを訪問するユーザーの中で一定の割合のユーザーがサイト内にある他のページへのリンクをクリックして有料の商品・サービスを申し込んでくれるという流れが生まれます。

13 SEO

ウェブサイトは作っただけでは、利益を生みません。ウェブ上に存在する無数のサイトの中から自社のサイトを発見してもらうためにはさまざまな集客活動をしなくてはなりません。

それらの活動の中でも最も普及している有効な活動があります。それは検索エンジンで上位表示をするための取り組みです。

その取り組みはSEOと呼ばれています。SEOとはSearch Engine Optimization（検索エンジン最適化）の略で、GoogleやYahoo! JAPANなどのウェブ検索エンジンで自分のサイトを検索の上位に表示するための対策のことです。

Googleなどの検索エンジン会社は検索順位を決めるためのアルゴリズム（計算式）を開発し、ウェブ上に存在する1つひとつのウェブページを発見し、評価します。これらの作業工程は基本的にソフトウェアが自動的に行うためGoogleなどの検索エンジンはロボット型検索エンジンと呼ばれます。

そして高く評価されたページは上位表示し、そうでないページは上位表示ができません。

SEOを自社のサイトに施すことにより、検索エンジン会社のアルゴリズムがサイトにあるウェブページを正しく認識して、高く評価してくれるようになります。

検索結果ページは上から順番に、リスティング広告、地図欄、自然検索結果というように3つのセクションに分かれています。

　地図欄で上位表示するための取り組みはMEO（Map Engine Optimization：地図検索エンジン最適化）と呼ばれます。地図欄で上位表示するにはさまざまな対策がありますが、顧客にレビュー（口コミ）を投稿してもらい高く評価してもらうこと、そしてそれらのレビューに企業側が丁寧に返事を投稿することが最も効果的な対策です。

●Googleの地図欄に表示されている利用者にレビュー投稿と企業による返信の例

かや　**かみかや**
1件のレビュー

⋮

★★★★★ 2年前

近所のかかりつけの歯医者さんで抜歯され、部分入れ歯と言われましたが、どうしても受け入れられずインプラントを考えましたが、骨が少なくて無理と言われ、何年も我慢してましたが、反対側ばかり食べてたので、反対側の歯が痛くなりこちらの病院に伺いました。

私の悩みを真剣に聞いてもらえ、インプラント治療も自信をもって大丈夫ですと言われ安心して受けました。
治療の痛みもなく、とてもスムーズに今ではしっかりかめて何の違和感もありません。院長の宮本先生はインプラントの専門家らしく、とても感じがよかったです。
神経を抜かない治療の重要性も聞き、他の虫歯の治療も神経を残してもらいました。
今までいろいろ病院を変えてきましたが、全然違った病院で、今では家族もお世話になってます。

👍 12

オーナーからの返信 2年前
お悩みを解決できたこと、大変嬉しく感じております。
治療内容についてしっかりとご説明させていただくことはもちろん、技術においても安心していただけるよう当院ではすべてのスタッフが日々治療法について学んでおります。

何かお悩み・お困りごとがございましたらいつでもご相談くださいませ。
今後とも、宜しくお願い申し上げます。

　そして、地図欄の下に表示されるウェブページは1ページあたり最大10件までで自然検索、またはオーガニックと呼ばれます。その理由は、自然検索欄での表示はお金を払い人工的に行うものではなく、検索エンジンが自然に表示するというニュアンスから来ています。

　多くの企業がこの自然検索欄で上位表示をするためにSEOを実施することにより、高額な広告宣伝費をかけずにウェブでの集客に成功しています。このようにSEOは非常に費用対効果の高い優れたウェブ集客の手段ですが、いくつかのメリットとデメリットがあります。

13-1 ◆ SEOのメリット

SEOのメリットは次の通りです。

13-1-1 ◆ 広告費をかけなくても集客ができる

SEOを実施し、それが成功すると、検索結果ページの上位に自社サイトへのリンクを表示することが可能です。それにより多くの見込み客がそのリンクをクリックして自社サイトを訪問してくれるようになり、多額の広告費をかけなくても集客が可能になります。

13-1-2 ◆ ブランディング効果がある

検索で上位表示すれば、「検索で上位にいる＝良い会社」と思うユーザーが自社ブランドを信頼してくれるようになります。また、さまざまな検索キーワードで上位表示すれば自社のブランド名を認知してくれるようになりブランディングをすることが可能になります。

ブランドとは、ある売り手の商品やサービスを他の売り手の商品やサービスと区別する名前、用語、デザイン、シンボル、またはその他の特徴のことを指します。

ブランディングとは、消費者の心の中でブランドを形成することにより、特定の組織、企業、製品またはサービスに意味を与える取り組みです。これは、特定のブランドとそうでないものを明確にすることで、人々が自分のブランドを素早く認識して体験し、競合他社よりも自社の製品を選択する理由を与えるために設計された戦略です（出典：アメリカ・マーケティング協会）。

13-1-3 ◆ 継続的な集客が見込める

一定の期間内だけ表示される広告とは違い、一度検索で上位表示をすれば長期間表示されるので継続的な集客が見込めます。ページを増やせば増やすほどサイト内に集客力を持つページ資産として蓄積されていきます。

ただし、時間が経過するにつれて上位表示されているページの内容が古くなるため情報をアップデートしていつも最新の情報に保つ必要があります。

13-2 ◆ SEOのデメリット

SEOのデメリットは次の通りです。

13-2-1 ◆ 効果が出るまで時間と手間がかかる

SEOの作業が完了してから、その効果が検索結果に反映されるまでの時間は年々遅くなってきています。理由は、ウェブサイトの数が日々増えていることと、検索ユーザーにとって最適な検索順位を決めるアルゴリズムが年々複雑化しているからです。

サイトを立ち上げてから実際にSEOによる集客効果を実感できるようになるには最低でも半年はかかり、検索順位をもっと上げるために個々のページにSEOを実施しても順位が上がるまでには早くて数日、通常は数週間から数カ月かかることもあります。

下図はSEOを実施してサイトのアクセス数が10倍近くになった都内の歯科医院サイトのGoogleからのアクセス数のデータです。

●都内の歯科医院サイトのGoogle自然検索結果ページからのアクセス数

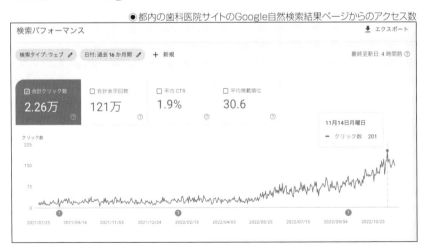

1日あたりのGoogleの検索結果ページからのアクセス数がわずか10だったのが、SEOをスタートしてから約10カ月後アクセス数が増え始め、16カ月後には20倍の200を超えるようにまで増えました。

13-2-2 ◆ 検索エンジン会社の望まないことをすると検索結果から消されることがある

　Googleなどの検索エンジン会社は過度なSEOを嫌う傾向があります。過度なSEOをしているページを高く評価してしまうと、内容的にはより優れているページよりも検索順位が高くなってしまい、検索ユーザーにとって好ましいページが上位表示できなくなるからです。そうなると、それを許した検索エンジンのユーザーからの評価が下がりユーザー離れを招くことになります。

　こうした事態を避けるために検索エンジン会社は過度なSEOを施しているサイトの評価を下げて、そのサイトにあるページの検索順位を大きく下げようとします。最悪の場合、これまで上位表示していた自社サイトのほとんどのページの順位が悪化してSEOでは集客できなくなるという事態が生じることもあります。過度なSEOは絶対に避ける必要があります。

　検索エンジン会社のGoogleはサイト運営者が避けるべき過度なSEOとは何かを具体的にその公式サイト内で詳しく説明しています。SEOを実施する際にはこうした情報をこまめにチェックする必要があります。

- ● Googleウェブ検索のスパムに関するポリシー | Google検索セントラル
  - URL https://developers.google.com/search/docs/essentials/spam-policies?hl=ja

13-2-3 ◆ 最新の動向を知るための学習を継続する必要がある

　検索エンジン会社、特にGoogleは頻繁にアルゴリズムを改善します。過去に導入したアルゴリズムの改善だけでなく、新しいアルゴリズムを次々に導入します。それによりこれまで上位表示に効果のあったSEOの手法の効果が減少することや、逆効果になることすらあります。

　そのため、ウェブサイト運営者は絶えず検索エンジン会社の動向に目を光らせ、検索エンジン会社の公式発表に目を通し、SEOの動向を分析する企業や個人の情報を収集する必要があります。

- Google検索の最新情報とSEO ニュース | Google検索セントラル
  URL https://developers.google.com/search/news?hl=ja

●Google公式サイト内に検索エンジンの最新動向を発表するブログ

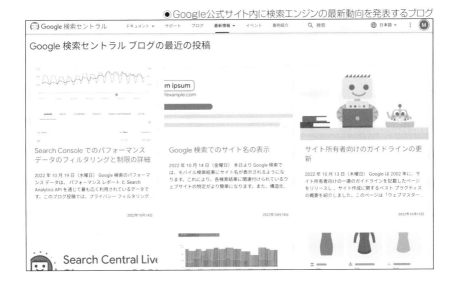

以上が、ウェブを使った12の集客手段です。

これらの中でも特に有望な集客手段である無料コンテンツ・無料サービス、SEO、ソーシャルメディア、リスティング広告、電子メールなどの詳しい利用方法はウェブサイトが完成した後の集客活動については『ウェブマスター検定 公式テキスト 2級』で解説しています。

1つひとつの手段を比較検討して、すぐに着手できる対策から取り組みましょう。それにより自社にとって最適なウェブ集客の手段がいくつも見つかるはずです。そして結果を検証し、改善を繰り返すことで集客効果の最大化を目指しましょう。

次章ではその手段の中でも最も多くの企業が取り組んでいる自社独自のウェブサイトを運営するのに必要なウェブサイトの構造について解説します。

第2章
ウェブ集客の手段

第 3 章
ウェブサイトの仕組み

　企業がウェブを使った集客を実現するための拠点となるのがウェブサイトです。サイト(site)とは英語で敷地、場所という意味で、企業や政府、団体、個人がウェブ上で情報発信を行うための情報拠点として使用されるものです。

　ウェブサイトを自社で適切に運営することにより、他者のウェブサイトに依存することなく低コストでのウェブ集客が可能になります。そのためには、まずウェブサイトとは何か、その仕組みから理解する必要があります。

ウェブサイトのツリー構造

ウェブサイトは通常、1つのページだけではなく、複数のページから構成されます。トップページから直接、サブページリンクにリンクを張る二層構造のものや、情報をよりわかりやすく整理するためにそれ以上の構造にする多層構造のものもあります。この構造は木の形に似ていることから「ツリー構造」と呼ばれます。そのためウェブサイトの基本的な構造はツリー型で表現されることが一般的です。

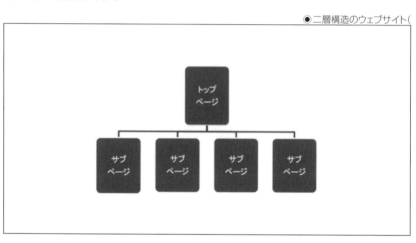

●二層構造のウェブサイト(

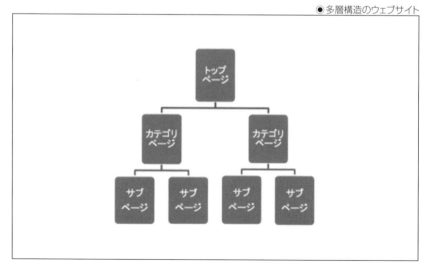

●多層構造のウェブサイト

1-1 ◆トップページ

　ツリー構造の一番上にある最上層のトップに配置されるページがトップページです。トップページとはウェブサイトを雑誌や本にたとえた場合、表紙にあたる最上層のページのことです。

　トップページは正式にはインデックスページと呼ばれます。インデックス（index）とは英語で「索引」という意味です。そのため、ウェブサイトのトップページのファイル名は「index.html」、または「index.htm」という名前を付けます。

　トップページはサイト内の目次のような役割をするページで、サイト内に存在する他のページにユーザーが自由に移動できるように多数のリンクが設置されるのが最も一般的です。

　ウェブが始まったばかりの初期のウェブサイトのトップページはまさにインデックス（索引）のようにウェブサイトの中にどのようなウェブページがあるかがひと目でわかる目次のような作りでした。下図は日本でも最古のウェブサイトの1つである慶應義塾大学の公式サイトの1997年当時のトップページの姿です。

●慶應義塾大学公式サイトの1997年当時のトップページ

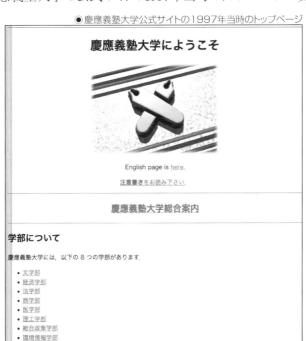

慶應義塾大学の公式サイトの1997年当時のトップページは装飾がほとんどなく、シンプルな画像とテキスト、テキストリンクで作られたインデックス状のページになっています。

ウェブサイトの制作技術が進歩するにつれ、トップページは本来のインデックスページの役割から逸れ、画像や特殊効果を出すビジュアルを多用したデザイン性の高いページになりました。

実際に非常に多くのユーザーが利用するアマゾン、Yahoo! JAPAN、楽天市場、価格.comなどのトップページを見ると一定の装飾はあるものの、サイトの下層ページにユーザーや検索エンジンのクローラーがアクセスしやすいように、多数のテキストリンクや画像リンクを配したインデックスページになっていることがわかります。

● 価格.comのトップページ

1-2 ◆ サブページ

　サブページというのはサイト内にあるトップページ以外のページのことを意味します。

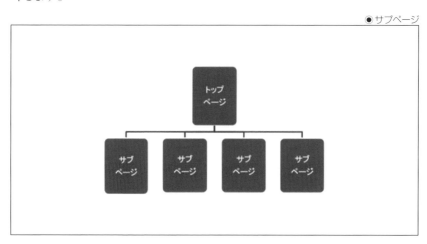

　下図の例はのぼり制作会社のサイトにあるサブページの例です。「2段伸縮3m のぼりポール レギュラータイプ 白」という商品を販売するページです。

● のぼり制作会社のサイトにあるサブページの例

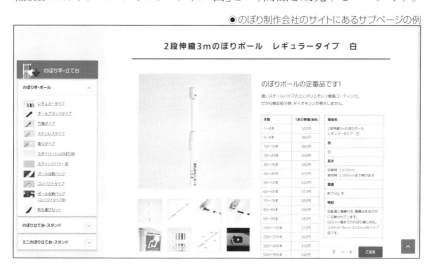

1-3 ◆ カテゴリページ

　サブページが増えていけばいくほど、ユーザーが見たいページにたどり着くのが困難になります。わかりやすくするためには同じ系統の情報ごとにカテゴリ分けをすることです。カテゴリ分けをする際に、各カテゴリの入り口となるページのことを「カテゴリページ」や「カテゴリトップ」、「カテゴリトップページ」と呼びます。

◉多層構造のウェブサイト内にあるカテゴリページの概念図

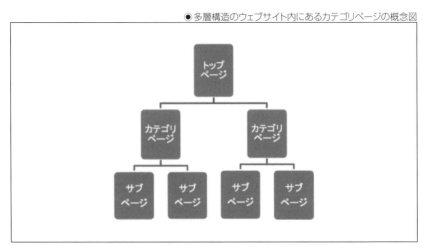

　下図は先ほどののぼり制作会社のサイトにあるカテゴリページの例です。

◉カテゴリページの例

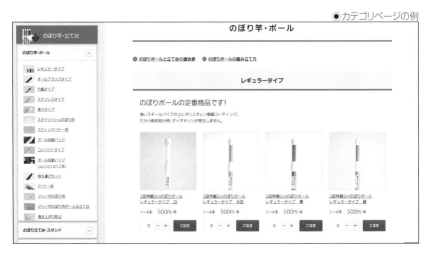

先ほどののぼりポールを紹介するサブページはこの「のぼり竿・ポール」というカテゴリに属しています。この商品の他にもたくさんののぼり竿・ポールの商品販売ページがあり、それらはこのカテゴリに属しています。
　このサイトの構造を表にすると次のようになります。

◉のぼり制作会社のサイト構造の一部

トップページ
└ **のぼり竿・ポール(カテゴリページ)**
　├ **2段伸縮3m のぼりポール レギュラータイプ 白(サブページ)**
　├ **2段伸縮3m のぼりポール レギュラータイプ 水色(サブページ)**
　├ **2段伸縮3m のぼりポール レギュラータイプ 青(サブページ)**
　└ **2段伸縮3m のぼりポール レギュラータイプ 緑(サブページ)**

2 ウェブサイトを構成するファイル

　ウェブサイトは通常1つのファイルでなく、複数のファイルによって構成されます。ファイルとは、コンピュータにおけるデータの管理単位の1つで、ハードディスクなどの記憶装置にデータを記録する際にユーザーやコンピュータソフトウェアから見て最小の記録単位となるデータのまとまりのことをいいます。

◉Windowsのフォルダーに保存されたウェブサイトを構成するファイルの例

2-1 ◆ HTML

　HTMLとは、ウェブページの文書構造を作るためのマークアップ言語のことです。文書の論理構造や表示の仕方などを記述することができるもので、W3C（World Wide Web Consortium：ワールドワイドウェブコンソーシアム）によって標準化されています。

　マークアップ言語とは、組版指定に使われる言語で、視覚表現や文章構造などを記述するための形式言語のことです（組版とは原稿に指定されたように、文字や図などをページに配置する作業のことです）。

●HTMLファイルの例

　HTMLでは、文書の一部を「<」と「>」で囲まれた「タグ」と呼ばれる特別な文字列を使うことで、文章の構造や修飾についての情報を記述することができます。

　たとえば、ページ内の冒頭にある大見出しを意味するタグはh1タグです。大見出しの部分は<h1>と</h1>という2つのタグで囲います。h1の「h」はheadingの略で「見出し」という意味です。h1タグで囲われたテキストは最上位の見出しである「大見出し」を示します。

●h1タグで大見出し部分を囲った例

```
<h1>動的ページのサイトはGoogle上位表示に不利なのか？</h1>
```

<p><img src="./img/dynamic-serving-page-01.png" style="border:1px solid #808080; width:577px;"></p>
<p>執筆:一般社団法人全日本SEO協会代表理事　<a href="https://www.web-planners.net/
webplanners_consultant01.html">鈴木将司</a>
作成:2022年5月21日</p>

<p>Webサイトの制作などに関わっていれば動的ページと静的ページという言葉を耳にしたことがあると思います。</p>

<p>文字通りと言えば文字通りの意味ではありますが、動的ページの意味をきちんと説明することができますか？</p>

<p>静的ページは説明しやすいのですが、動的ページというのは案外難しいものです。</p>

●h1タグで囲ったテキストがブラウザで適切に表示されている例

SEO用語解説 - D

✓ いいね！ 1 　 シェアする 　 🐦 Tweet 　 B!

動的ページのサイトはGoogle上位表示に不利なのか？

執筆:一般社団法人全日本SEO協会代表理事　鈴木将司
作成:2022年5月21日

Webサイトの制作などに関わっていれば動的ページと静的ページという言葉を耳にしたことがあると思います。

文字通りと言えば文字通りの意味ではありますが、動的ページの意味をきちんと説明することができますか？

静的ページは説明しやすいのですが、動的ページというのは案外難しいもので

　そうすると上図のように<h1>と</h1>で囲った部分が本文のフォントサイズよりも大きなフォントサイズになり、大見出しとして表示されます。

　他にも文章の中で段落を示すタグや、箇条書きを示すタグ、他のウェブページにリンクを張るタグ、画像や音声、動画を埋め込むためのタグなど、さまざまな種類のタグがあります（タグの種類やその使い方は『ウェブマスター検定 公式テキスト 3級』で詳しく解説しています。

　HTMLファイルは、メモ帳やテキストエディタでテキストファイルを作成し、そこにこのマークアップ言語を記述し、ファイルを「.html」または「.htm」の拡張子で保存することにより作成することができます。

● 保存されたHTMLファイルの例

index.html

2-2 ◆ CSS

　ウェブの発展に伴ってより見栄えをよくするためにデザイン性の高いウェブページが求められるようになりました。

　HTMLはさまざまなタグを使うことによりウェブページを作成できますが、文書構造を作るためのマークアップ言語でしかありません。そのため、HTMLは雑誌や本のような複雑なレイアウトやデザイン性の高いビジュアルを表現するには限界があります。

　見栄えを記述する専用の言語としてCSS（Cascading Style Sheet：通称、スタイルシート）が考案され使用されるようになりました。CSSの仕様もHTMLと同様にW3Cによって標準化されています。

　CSSが広く普及したことによりウェブページは従来の単純なレイアウト、デザインから、印刷物などのより高いデザイン性のある媒体に近づくようになり、洗練されたものになってきました。

●CSSを適用する前のHTMLのみのウェブページの例

動的ページのサイトはGoogle上位表示に不利なのか？

執筆:一般社団法人全日本SEO協会代表理事　鈴木将司
作成:2022年5月21日

Webサイトの制作などに関わっていれば動的ページと静的ページという言葉を耳にしたことがあると思います。

文字通りと言えば文字通りの意味ではありますが、動的ページの意味をきちんと説明することができますか？

静的ページは説明しやすいのですが、動的ページというのは案外難しいものです。

さらに、SEO対策を考えた場合に動的ページが良いのか静的ページが良いのか、これも悩みどころでしょう。

- 動的ページと静的ページの違いを説明できない
- SEO対策として動的ページと静的ページどちらを選ぶべきか分からない
- 動的ページはSEO上有利なの？不利なの？

上記に当てはまる方はこの記事を最後まで読んで疑問を解決してください。

まず最初に、静的ページと動的ページの違いを正しく理解しましょう。

静的ページは毎回固定されたページが表示される

●HTMLファイルにCSSを適用後のウェブページの例

動的ページのサイトはGoogle上位表示に不利なのか？

執筆:一般社団法人全日本SEO協会代表理事　鈴木容司
作成:2022年5月21日

Webサイトの制作などに関わっていれば動的ページと静的ページという言葉を耳にしたことがあると思います。

文字通りと言えば文字通りの意味ではありますが、動的ページの意味をきちんと説明することができますか？

静的ページは説明しやすいのですが、動的ページというのは案外難しいものです。

さらに、SEO対策を考えた場合に動的ページが良いのか静的ページが良いのか、これも悩みどころでしょう。

- 動的ページと静的ページの違いを説明できない
- SEO対策として動的ページと静的ページどちらを選ぶべきか分からない
- 動的ページはSEO上有利なの？不利なの？

上記に当てはまる方はこの記事を最後まで読んで疑問を解決してください。

まず最初に、静的ページと動的ページの違いを正しく理解しましょう。

静的ページは毎回固定されたページが表示される

CSSはHTMLファイル内に記述することができます。

◉HTMLファイル内に記述されたCSSの例

```
<!DOCTYPE html>
<html lang="ja">
<head>
<meta charset="UTF-8">

<style type="text/css">
img.wp-smiley,
img.emoji {
    display: inline !important;
    border: none !important;
    box-shadow: none !important;
    height: 1em !important;
    width: 1em !important;
    margin: 0 0.07em !important;
    vertical-align: -0.1em !important;
    background: none !important;
    padding: 0 !important;
}
</style>
</head>

<body class="drawer drawer--left">
<div class="sp-wrapper">
<a href="https://www.kamimutsukawa.com/protect/" style="text-decoration:none;">くわしくはこちらをご覧ください</a>
</div>
```

しかし、多くの場合、HTMLファイルとは別に専用のCSSファイルを作成し、HTMLファイル内から参照する形が取られています。その理由としては次のようなものがあります。

- HTMLファイルを軽量化してウェブページの表示速度を速くするため
- HTMLファイルとは分けて管理をしやすくするため
- 他のHTMLファイルからも参照して再利用できるようにするため

```
styles2.css

∧ ∨  @media  screen and (max-width: 767px) ◇

@charset "utf-8";
@charset "utf-8";
@import url(setting2.css);
@import url(sidebar.css);
@import url(module.css);

body {
color: #333333;
/*font-family: "ＭＳ Ｐゴシック", Osaka, sans-serif;*/
font-family:'ヒラギノ角ゴ Pro W3','Hiragino Kaku Gothic Pro','ＭＳ Ｐゴシック',sans-serif;
font-size: 14px;
line-height: 160%;
background-color:#ffffff;
margin:0;
padding:0;
word-wrap:break-word;
min-width: 1020px;
}

/* layout */
#all_index {
width:100%;
```

```
<!DOCTYPE html PUBLIC "-//W3C//DTD XHTML 1.0 Transitional//EN"  "http://www.w3.org/tr/
xhtml1/Dtd/xhtml1-transitional.dtd">
<html xmlns="http://www.w3.org/1999/xhtml">
<head>
<meta http-equiv="Content-Type" content="text/html; charset=UTF-8" />
<meta name="description" content="動的ページのサイトはGoogle上位表示に不利なのか？" />
<meta name="keywords" content="" />
<title>動的ページのサイトはGoogle上位表示に不利なのか？ | 鈴木将司のSEOセミナー</title>
<link rel="stylesheet" href="/css/styles2.css" type="text/css" />
<script type="text/javascript" src="/js/smoothScroll.js"></script>

<meta http-equiv="Expires" content="Thu, 01 Dec 1994 16:00:00 GMT">
```

CSSを使うことにより、フォント（文字）の色、サイズ、種類の変更、行間の高低の調整などのページの装飾ができます。

●大見出しのフォント名を指定し、文字の色を赤、背景色を黄色に指定した例

動的ページのサイトはGoogle上位表示に不利なのか？

静的ページの場合は、ちょっとした文章の変更でも都度HTMLやCSSを書き換えてFTPにアップロードする作業が必要になります。

動的ページの代表であるワードプレスなどのCMS（Contents Management System：コンテンツ・マネジメント・システム）では、そのような専門的知識がなくても簡単に更新が可能です。

●段落内の行間を広めに指定した例

静的ページの場合は、ちょっとした文章の変更でも都度HTMLやCSSを書き換えてFTPにアップロードする作業が必要になります。

動的ページの代表であるワードプレスなどのCMS（Contents Management System：コンテンツ・マネジメント・システム）では、そのような専門的知識がなくても簡単に更新が可能です。

特に更新作業の手間というのはランニングコストとしてボディーブローのように効いてきます。

他にも、単純なアニメーション効果を加えることや、複雑なレイアウトを組むこと、モバイル端末への対応などを行うことができます。

　CSSファイルはHTMLファイル同様に、メモ帳やテキストエディタでテキストファイルを作成し、そこにCSSのソースコード（プログラミング言語またはマークアップ言語で書かれた、コンピュータプログラムを表現する文字列）を記述し、ファイルを「.css」の拡張子で保存することにより作成することができます。

●保存されたCSSファイルの例

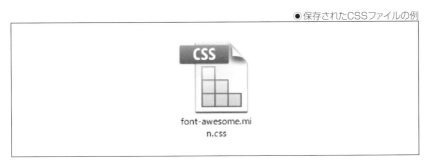

2-3 ◆ JavaScript

　JavaScriptとはブラウザ上で実行されるスクリプト言語のことです。スクリプト言語とは、アプリケーションソフトウェアを作成するための簡易的なプログラミング言語の一種です。JavaScriptを使うとHTMLやCSSだけではできないことが実現できます。

　HTMLはウェブページの文書構造を作るためのもので、CSSはそのHTMLにレイアウトやデザインという装飾を加えるものです。そしてJavaScriptはそれらに動きを加える役割を持っています。近年のCSSの一部では動きを加える機能が追加されていますが、その機能は限定的であり、CSSとJavaScriptを組み合わせることにより幅広い動きをウェブページに加えることが可能です。

　JavaScriptもCSSと同様にHTMLファイル内に記述することができます。しかし、このやり方を多用するとHTMLファイル内のどこにJavaScriptを記述したかを覚えるのが難しくなり後々管理をすることが難しくなってしまいます。

```
<!DOCTYPE html>
<html lang="ja">
<head>
<meta charset="UTF-8">
<script>
  (function(i,s,o,g,r,a,m){i['GoogleAnalyticsObject']=r;i[r]=i[r]||function(){
  (i[r].q=i[r].q||[]).push(arguments)},i[r].l=1*new Date();a=s.createElement(o),
  m=s.getElementsByTagName(o)[0];a.async=1;a.src=g;m.parentNode.insertBefore(a,m)
  })(window,document,'script','//www.google-analytics.com/analytics.js','ga');

  ga('create', 'UA-9134358-2', 'web-planners.net');
  ga('send', 'pageview');
</script>

</head>
<body>
```

そのため、JavaScriptはCSSと同様にHTMLファイルとは別に専用のJava Scriptファイルを作成し、HTMLファイル内から参照する形が取られています。

```
<!DOCTYPE html PUBLIC "-//W3C//DTD XHTML 1.0 Transitional//EN"  "http://www.w3.org/tr/
xhtml1/Dtd/xhtml1-transitional.dtd">
<html xmlns="http://www.w3.org/1999/xhtml">
<head>
<meta http-equiv="Content-Type" content="text/html; charset=UTF-8" />
<meta name="description" content="動的ページのサイトはGoogle上位表示に不利なのか？" />
<meta name="keywords" content="" />
<title>動的ページのサイトはGoogle上位表示に不利なのか？ | 鈴木将司のSEOセミナー</title>
<link rel="stylesheet" href="/css/styles2.css" type="text/css" />
<script type="text/javascript" src="/js/smoothScroll.js"></script>

<meta http-equiv="Expires" content="Thu, 01 Dec 1994 16:00:00 GMT">
```

　JavaScriptを活用することにより、ユーザーがウェブページ上で何らかのアクションを起こすと、それをプログラムがインプット（入力）として認識し、あらかじめプログラムされた手順に従ってアウトプット（出力）として画面の指定された部分が変化します。

私たちが普段使っているサイトで見かける申し込みフォームの入力ミスを即時に指摘する動作や、エラーメッセージの表示、画像をクリックしたときに画像が拡大される効果、キーワード入力欄に検索キーワードを入れると関連するキーワードが表示されるなどのほとんどはJavaScriptにより実現されています。

●フォームの入力ミスを即時に指摘する機能の例

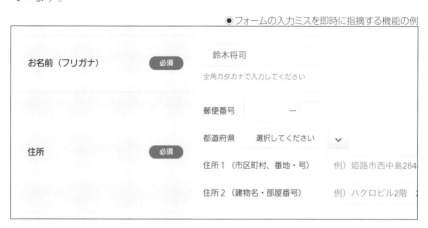

●入力した検索キーワードに関連するキーワードを自動表示する機能の例

JavaScriptファイルはHTMLファイルやCSSファイルと同様に、メモ帳やテキストエディタでテキストファイルを作成し、そこにJavaScriptのソースコードを記述し、ファイルを「.js」の拡張子で保存することにより作成できます。

●保存されたJavaScriptファイルの例

roll.js

2-4 ◆ 画像

ウェブページで一般的に使用される画像ファイルは5種類があり、画像編集ツールで作成します。

2-4-1 ◆ 画像ファイルの種類

ウェブページで一般的に使用される画像ファイルの形式は次の通りです。

①JPEG

JPEG（ジェイペグ）とはJoint Photographic Experts Groupの略で、写真の保存や色数が多数あり、グラデーションがあるコンピュータグラフィックの保存に適した画像ファイルフォーマットです。

● JPEG形式で保存した写真

● JPEG形式で保存したコンピュータグラフィック

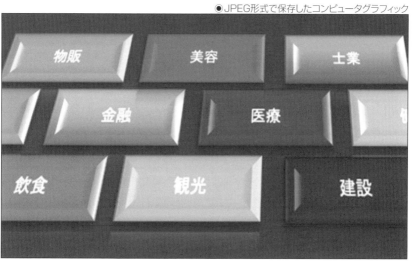

使用できる色数は約1677万色あり、ファイルの拡張子は「.jpg」または「.jpeg」です。ファイルのサイズを軽くするために自由に圧縮率を調整できますが、圧縮率を高めるほど画像がぼやけて劣化するという短所があります。

●画像編集ツールを使いJPEG形式で保存する画面

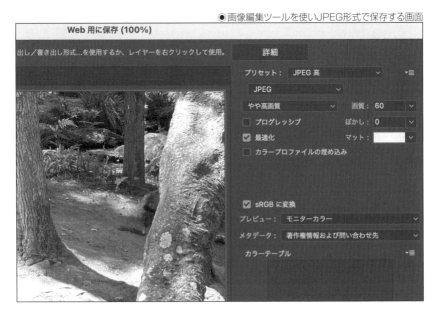

②PNG

PNG（ピング）とはPortable Network Graphicsの略で、ファイルの拡張子は「.png」です。PNGはもともとJPGと比べて表現できる色数が少ないため、イラストやアイコン、ロゴ、画像の上に文字が書かれたものなどの保存に適した画像ファイルフォーマットです。

PNGにはPNG-8、PNG-24、PNG-32という3種類のフォーマットがあり、表現できる色数はPNG-8が256色で、PNG-24、PNG-32が1677万色です。

PNG-32は表現できる色数がJPGと同じ1677万色あるので、写真をきれいに保存することはできますが、写真をPNG-32形式で保存するとファイルサイズがJPG形式で保存したときと比べて非常に大きくなってしまうという欠点があります。

JPEGでは画像の周囲を透過することはできませんが、PNGのPNG-8、PNG-32のフォーマットは透過できます。

●画像の周囲を透過したPNG-32で保存したファイルの例

● 画像の周囲を透過したPNG-32で保存したファイルの例

　JPEGとは違い、PNGでは画像の上に文字を書いても文字の部分がぼやけにくいので、画像の上に文字を書くバナー画像などの保存に適しています。

● 画像の上に文字を書くバナー画像をPNG-32で保存したファイルの例

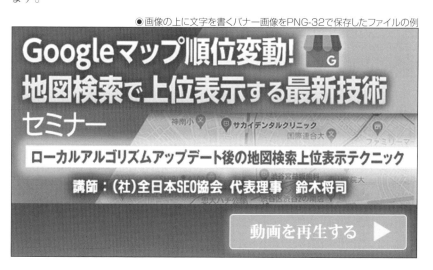

③GIF

　GIF（ジフ／ギフ）とはGraphics Interchange Formatの略で、拡張子は
「.gif」の画像フォーマットです。使用できる色数は256色で、透過に対応し
ており、アニメーションを表現できるフォーマットです。

　色数の少ないイラストやコンピュータグラフィックの保存、アニメーションに
したい場合に便利なフォーマットです。

●色数の少ないイラストをGIF形式で保存したファイルの例

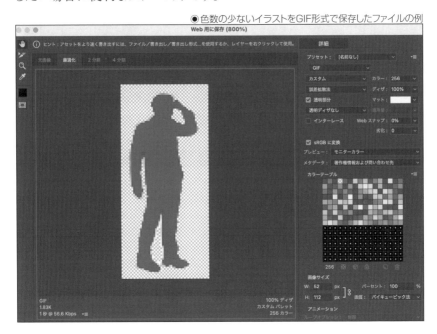

④SVG

　SVG（エスブイジー）とはScalable Vector Graphicsの略でベクター形式
というデータのため。縮小表示や拡大表示をしても画像が劣化しないという
特徴があります。

　最大の特徴は、点や線、塗りや透明の情報が数値化されているので、
それらの数値をCSSやJavaScriptで変更することが可能なことです。近年、
対応するブラウザが増えているため普及しつつあります。

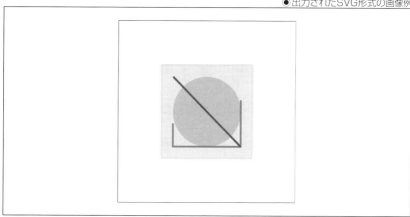

◉上記の画像を出力するためのソースコード

```
<?xml version="1.0" encoding="UTF-8" standalone="no"?>
<!DOCTYPE svg PUBLIC "-//W3C//DTD SVG 1.1//EN"
"http://www.w3.org/Graphics/SVG/1.1/DTD/svg11.dtd">
<svg width="391" height="391" viewBox="-70.5 -70.5 391 391"
 xmlns="http://www.w3.org/2000/svg"
 xmlns:xlink="http://www.w3.org/1999/xlink">
<rect fill="#fff" stroke="#000" x="-70" y="-70" width="390" height="390"/>
<g opacity="0.8">
  <rect x="25" y="25" width="200" height="200" fill="lime"
   stroke-width="4" stroke="pink" />
  <circle cx="125" cy="125" r="75" fill="orange" />
  <polyline points="50,150 50,200 200,200 200,100" stroke="red"
   stroke-width="4" fill="none" />
  <line x1="50" y1="50" x2="200" y2="200" stroke="blue"
   stroke-width="4" />
</g>
</svg>
```

⑤WebP

　WebP（ウェッピー）とは、Googleが開発した画像フォーマットでファイルの拡張子は「.webp」です。圧縮率が高く、ブラウザ上での画像の表示速度の高速化を目指せるのが大きな特徴です。Googleの公式発表（https://developers.google.com/speed/webp/）によると、WebPで画像を保存するとJPGより25～34%、PNGより26%も軽量化できるとのことです。

　普及率はまだ低いですが今後普及することが期待されているフォーマットです。

◉WebP公式サイトにあるJPGとの比較例

2-4-2 ◆ 画像編集ツールの種類

　画像の作成や編集はWindowsやmacOS（Apple社がパーソナルコンピュータ「Mac」シリーズ向けに提供しているOS製品のこと。OSはオペレーティングシステムの略で、コンピュータシステム全体を管理し、さまざまなアプリケーションソフトを動かすための最も基本的なソフトウェアのこと）にあらかじめインストールされている無料の画像編集ツールでもある程度はできますが、プロフェッショナルレベルの画像をウェブページに載せるには別途、専門のソフトフェア会社が提供する画像編集ツールをWindowsかmacOSで動くパソコンを利用するのが一般的です。

①Photoshop

　Photoshop（フォトショップ）とはアドビが販売している画像編集アプリケーションソフトウェアで、ウェブデザイン業界で最も広く使われている画像編集ツールです。写真の補正・修正、加工の他に、バナー画像やリンクボタンなどのCG画像の作成に使われています。

● Photoshop公式サイト

②Illustrator

　Illustrator（イラストレーター）とはアドビが販売しているイラスト作成・レイアウト作成アプリケーションソフトウェアで、Photoshopと同様にウェブデザイン業界で最も広く使われているツールです。ウェブデザイン業界においてはイラストやロゴの作成、地図やグラフの作成に使われています。

● Illustrator公式サイト

③GIMP

　GIMP（ギンプ、ジンプ）とはGNU Image Manipulation Programの略で、無料で配布されている画像編集ツールです。無料でありながら有料ソフト並みの機能が備わっており、高く評価されているツールです。機能的にはPhotoshopに近く、写真の補正・修正、加工の他に、バナー画像やリンクボタンなどのCG画像の作成に使われています。

●GIMPの操作画面

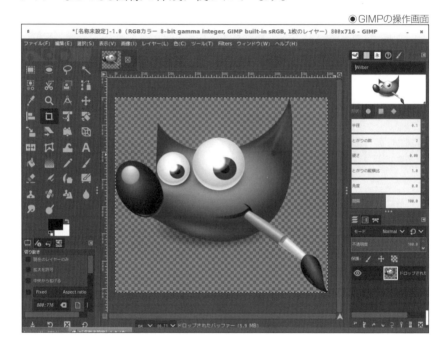

④Photopea

　これまで紹介したPhotoshop、Illustrator、GIMPはパソコンやタブレットなどにインストールする形式のソフトウェアですが、近年になってブラウザ上で利用できるオンライン型の画像編集ツールが増えています。

　Photopea（フォトピー）は、ブラウザ上で利用できるオンライン画像編集ツールです。画像の編集、イラストの作成、異なる画像形式間の変換などに使用できます。広告が表示される代わりに無料で利用でき、ユーザー登録もする必要はないので気軽に利用できるツールです。PhotopeaはPhotoshopとIllustratorに似た機能が使えます。

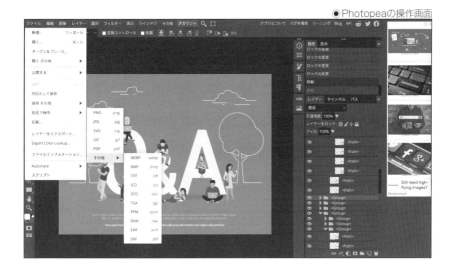

●Photopeaの操作画面

⑤Canva

　Canvaはブラウザ上で利用できるオンライン画像編集ツールのことで、ウェブデザインで使う画像を作成するだけでなく、SNSに投稿する画像や、ポスター、チラシなどの紙媒体のレイアウトデザインもできる統合ツールです。

　本格的な画像編集やイラスト作成はできませんが、素材集画像やテンプレート集が豊富に利用できるようになっており、プロ並みのきれいな画像を短時間で作成することができます。

●Canvaの公式サイト

写真の加工とフィルターも自由に

フィルター機能と、色合い変更やぼかしといった加工ができる調整機能があります。より自分のイメージに近い写真にすることが可能です。写真などのトーンのズレを修正したり、色合い、明るさといった別々の写真を統一されたイメージに修正することも簡単です。

人気の秘密4　パソコンでも、スマホでも。

第3章

ウェブサイトの仕組み

2-5 ◆動画

　ウェブページで使用する動画ファイルは主に5種類があり、動画編集ツールを使い作成します。

2-5-1 ◆動画ファイルの種類

　ウェブページで使用する動画ファイルの主な形式は次の通りです。

①MP4

　MP4（エムピーフォー）は容量の大きな動画を圧縮することに向いている形式で、最も多く使用されている動画ファイル形式です。ファイルの拡張子は「.mp4」です。

　Apple社が開発し、最近のmacOSとWindowsで動くパソコンの両方で標準サポートされています。

②FLV

　FLV（エフエルブイ）はmacOSやWindowsなどのOSやブラウザなどの環境を選ばず再生が可能な動画ファイル形式です。ファイルの拡張子は「.flv」です。

　Adobeが開発した動画ファイル形式でYouTubeやニコニコ動画でも使用されており、動画配信に向いている動画ファイルです。

③AVI

　AVI（エイブイアイ）はWindows標準の動画用ファイル形式で、ファイルの拡張子は「.avi」です。

　AVIはマイクロソフト社が開発したWindows標準の動画ファイル形式で、macOSやiPhoneなどのApple製品ではそのまま再生できないため、macOSで動くパソコンやiPhoneなどで再生するにはファイル形式を他の形式に変換する必要があります。

④MOV

MOV（エムオーブイ）とはApple社が開発したQuick Timeという音楽や動画を再生するソフトで作成されるファイル形式で、ファイルの拡張子は「.mov」です。macOSで動くパソコンで動画編集や再生を行うのに適したファイル形式です。

⑤WebM

WebM（ウェブエム）は、Googleが軽量さと高品質を両立することを目標として開発したファイル形式で、ファイルの拡張子は「.webm」です。WebMのメリットはファイルサイズに対して画質が高いという点です。

2-5-2 ◆ 動画編集ツールの種類

動画の作成や編集も画像編集と同様にWindowsやmacOSで動くパソコンにあらかじめインストールされている無料の動画編集ツールでもある程度はできます。最初はそれらのツールを使い動画編集の最低限の知識を学び、その後プロフェッショナルレベルの動画を作る必要性を感じたら、専門のソフトフェア会社が提供する動画編集ツールを利用するとよいでしょう。

①Adobe Premiere Pro

Adobe Premiere Pro（アドビプレミアプロ）はアドビが開発・販売している動画編集ツールで、YouTubeクリエイターからハリウッドの映画制作者まで、映像に関わる多くの人たちから選ばれています。さまざまなファイル形式に対応しているWindows、macOS用の動画編集ツールです。同社が提供しているPhotoshopやIllustratorなどとの連携も可能です。

②Final Cut Pro

　Final Cut Pro（ファイナルカットプロ）は、Apple社が開発・販売する動画編集ツールで、パソコン向けの動画編集を目的としたmacOS向けのソフトです。感覚的に操作ができるため、初心者でも使いやすいツールです。

● Final Cut Proの操作画面

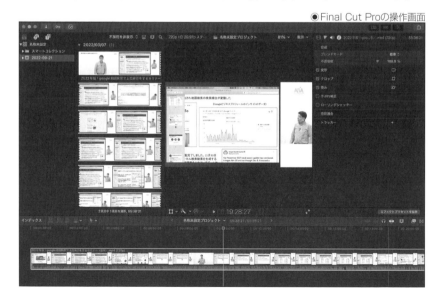

③PowerDirector

PowerDirector（パワーディレクター）は、サイバーリンクが開発・販売するWindows、macOS用の動画編集ツールです。日本国内での販売シェアはトップで、多くのユーザーが利用しています。比較的動作が軽く、高額なパソコンでもなくても利用できるのが特徴です。動画編集初心者でも直感的な操作が可能な使いやすいツールです。

●PowerDirectorの操作画面

④iMovie

iMovie（アイムービー）は、iPhone、iPadやmacOSなどのApple社の製品で使用できる動画編集ツールです。Apple製品を持っている人であれば、誰でも無料で使用することができます。高度な編集機能はありませんが、動画編集をこれから始める初心者には適したツールです。動画だけではなく写真のトリミングやスライドショーの作成などもできます。

◉iMovieの操作画面

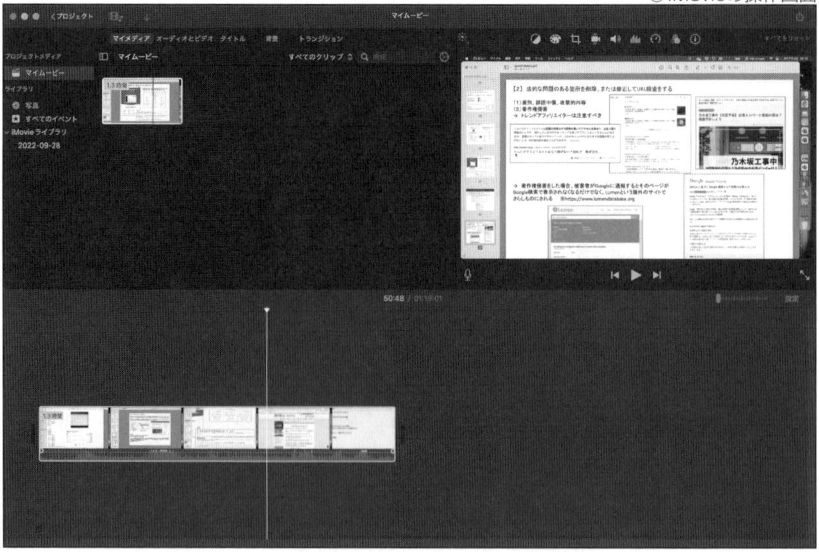

2-5-3 ◆ 動画のウェブページでの表示

　動画をウェブページ上に掲載するには、次のような動画表示用のタグを
HTMLファイル上に記述します。

◉動画表示用のタグ

```
<video src="promotionvideo.mp4"></video>
```

　また、YouTubeやVimeoなどの動画共有サイトに投稿した動画ファイル
をウェブページ上に表示するためには、それぞれの動画共有サイトから提
供されているソースコードを貼り付けます。

第3章
ウェブサイトの仕組み

●YouTubeが提供するYouTubeに投稿された動画を表示するためのソースコードの例

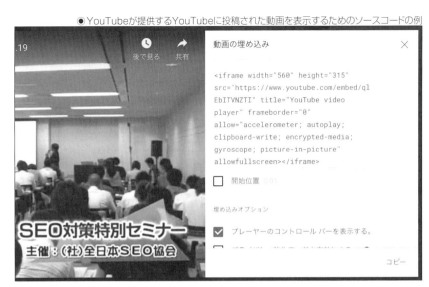

●Vimeoが提供するVimeoに投稿された動画を表示するためのソースコードの例

2-6 ◆ 音声

　HTMLファイルには音声ファイルを埋め込み、音声を再生することができます。音声ファイルには下表のような形式があります。

●音声ファイルの形式

形式	拡張子
MP3（エムピースリー）	.mp3
WAVE形式（ウェーブ）	.wav
WMA	.wma

　これらのファイルを次のようにオーディオタグを使うことによりHTMLファイル上で再生することができます。

●オーディオタグ

```
<audio src="onsei.mp3"></audio>
```

　音声の編集は動画編集ツールでもできますが、Adobe Audition、Cyber Link AudioDirector、WavePadなどの音声ファイル専用の編集ツールでもできます。

●Adobe Auditionの操作画面

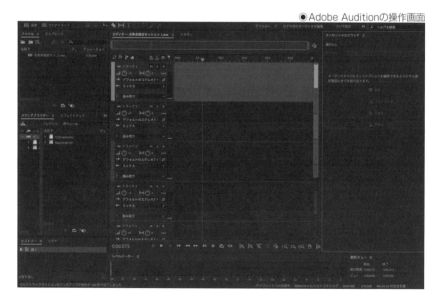

2-7 ◆ PDF

　PDFは、Portable Document Formatの略で、データを実際に紙に印刷したときの状態を、そのまま保存することができるファイル形式です。作者が意図したレイアウトやフォントなどがそのまま保存され、どんな環境のパソコン、タブレット、スマートフォンで開いても、同じように見ることができる、電子書類です。

　PDFが登場するまではパソコンで書類ファイルを開くと、パソコンの機種やプリンターによってレイアウトやフォントが制作者が意図したものとは異なったものが表示されるのが当たり前だったため、PDFは非常に画期的なファイル形式となり広く普及するようになりました。

　HTMLで作成されるウェブページはブラウザで閲覧するものですが、PDFファイルはブラウザ以外にも、デバイスにインストールされたPDFソフトで閲覧することができます。PDFファイルの作成はほとんどのアプリケーションでできますが、専用のPDF作成ツールであるAdobe Acrobat Proなどでも作成できます。

　自社のカタログや資料をPDF形式で保存すれば、自社サイト上でユーザーにダウンロードしてもらうことが可能です。ユーザーがウェブページ上でダウンロードできるようにするにはリンクタグを次のように記述します。

●リンクタグ

```
<a href=shiryou.pdf"></a>
```

●PDFファイルがダウンロードできるウェブページの例

　🔵 厚生労働省
　　Ministry of Health, Labour and Welfare

| テーマ別に探す | 報道・広報 | 政策について | 厚生労働省について | 統計 |

ホーム > 統計情報・白書 > 各種統計調査 > 統計調査実施のお知らせ > 令和4年社会福祉施設等調査及び介護サービス施設・事業所調
表（HP掲載）

調査票ＰＤＦ一覧表（ＨＰ掲載）

■ 社会福祉施設等調査　令和４年調査票　ＰＤＦファイル

🔲 A 保護施設・老人福祉施設等調査票 [828KB]

🔲 B 障害者支援施設等調査票 [1571KB]

2-8 ◆ サーバーサイドプログラム

これまで解説してきたようにHTMLはウェブページの基本構造を表現するもので、CSSはウェブページに装飾性を加え、JavaScriptはウェブページ内に画像の自動的な切り替えやボタンの色の変化などの動きという表現を加えることを可能にします。

しかし、これら3つの技術だけでは私たちが日ごろウェブサイト上で使っているショッピングサイトの買い物かご機能や、問い合わせフォームへの入力処理、検索エンジンの検索などの便利な機能を提供することはできません。こうした便利な機能を提供するには「サーバーサイドプログラム」を使う必要があります。

サーバーサイドプログラムとは、クライアント側のデバイス（情報端末）上ではなく、サーバー上で実行されるコンピュータプログラムのことです。

2-8-1 ◆ クライアントサイドとサーバーサイド

JavaScriptはパソコンやタブレット、スマートフォンなどのクライアント側のデバイス上でプログラムが実行される「クライアントサイド」のプログラムです。クライアントサイドのデバイスの処理能力には限りがあるためJavaScriptのようなクライアントサイドのプログラムは大量のデータを処理する検索には不向きです。

一方、サーバーサイドプログラムはウェブサーバー上でプログラムが実行されるプログラムであるため、サーバーが持つたくさんの計算能力を使い、複雑で処理に長時間かかるようなプログラムでも高速で実行することができます。つまり、ユーザーが使うクライアントサイドのデバイスではパワー不足の処理でも、専門のエンジニアが管理する高機能なサーバーには十分なパワーがあるので、高速で処理ができるということです。

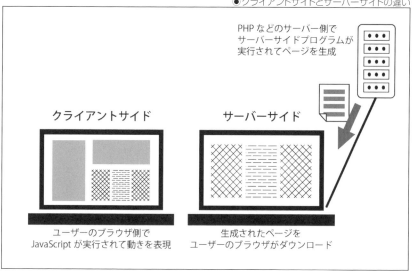

PHPなどのサーバー側で
サーバーサイドプログラムが
実行されてページを生成

クライアントサイド　　　　**サーバーサイド**

ユーザーのブラウザ側で
JavaScriptが実行されて動きを表現

生成されたページを
ユーザーのブラウザがダウンロード

サーバーサイドプログラムを使うことで次のような機能をウェブサイトに加えることが可能になります。

- お問い合わせフォーム
- CMS（Content Management System:コンテンツマネジメントシステム）
- 検索機能
- 表のデータの表示切り替え
- 買い物かご（ショッピングカート）
- 予約システム
- 会員登録システム
- オークションシステム
- アクセス解析ログ
- スマートフォンのアプリ

2-8-2 ◆ 静的なウェブページと動的なウェブページ

　HTMLファイルで作ったウェブページの内容は基本的に固定されており、どのユーザーが見てもその中身は同じ内容です。ウェブページの作者がHTMLなどのタグを記述して保存をしたらその内容は人が変更しない限りそのままの状態で保存されます。

　このような内容が固定されており、どのユーザーが見ても中身が変化しないウェブページを「静的なウェブページ」と呼びます。

　確かにJavaScriptや一部のCSSの機能を使えばウェブページ上で単純な動作を表現することは可能です。しかしそれらはウェブページ内の一部のパーツに変化を付けるものがほとんどであり、限定的な動きに限られます。

　一方、ユーザーが入力したデータに基づいてそれぞれのユーザーに異なった内容のウェブページを表示するのが「動的なウェブページ」です。サーバーサイドプログラムを使うことにより動的なウェブページを実現することができます。動的なウェブページに表示される内容は固定的ではなく、流動的です。

　私たちが日ごろ使っている検索エンジンは入力した検索キーワードによって異なった検索結果ページを動的に表示するので検索結果ページは「動的なウェブページ」だといえます。

2-8-3 ◆ 動的なウェブサイト

　また、膨大な数のページ数があるウェブページを運営する際には、1つひとつ人間が手作業でHTMLファイルを作成するよりも、情報をデータベースに記録して、そのデータを呼び出して自動的にウェブページを作成するほうが効率的です。

　データベースから情報を呼び出して自動的にウェブページを作成するサイトを「動的なウェブサイト」と呼びます。動的なウエブサイトにあるウェブページは、データベースから取り出したデータを、HTML雛型の指定された場所に埋め込むことで作られます。ブログやWordPressなどのCMSは動的なウェブサイトであり、その利便性のため現在公開されているウェブサイトの大半を占めるようになりました。

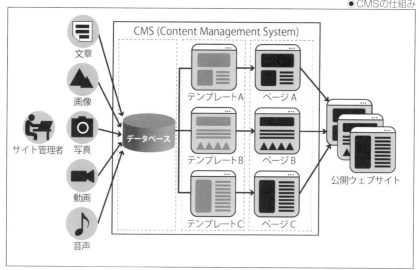

　小規模なサイトで更新を頻繁に行わないサイトは静的なサイトでも運営できますが、大規模なサイトで頻繁に内容が更新されるサイトは動的なサイトにしたほうが便利です。

　たとえば、サイト内に数千のウェブページがあったとします。その場合、それらすべてのページに何らかの文章を追加しようとしたときに、静的なHTMLファイルで1つひとつのページを作っていた場合、1つひとつのファイルを開いて追加しなくてはなりません。しかし、サーバーサイドプログラムで動的なウェブサイトを構築しておけば、データベースにその文章を1回追加するだけですべてのページに一瞬でそれが反映されます。

　このことはページのデザインに関してもいえます。たとえば、すべてのページのある部分を変更しようとした場合、静的なウェブページでサイトが作られていると1つひとつのファイルを開いて変更する部分を編集しなくてはなりません。しかし、動的なウェブページでサイトが作られていれば1つのひな形ファイル（テンプレートファイル）に変更を加えるだけで一瞬で全ページにその変更が反映されます。

動的なサイトのもう1つの利点は操作が簡単であることです。静的なHTMLファイルで1つひとつのページを作る場合は、HTMLやCSS、場合によってはJavaScriptの知識が必要になります。しかし、動的なウェブサイトを構築していれば管理画面でブログ感覚でテキストを入力すればクリックひとつで作成することができます。

2-8-4 ◆ サーバーサイドプログラムの種類

動的なウェブページは、JavaやPHPなどのサーバーサイドプログラムによって作成されます。サーバーサイドプログラムには主に次の種類があります。

①Java

Java（ジャバ）とはSun Microsystems社が開発した言語で、その名称は開発者の名前（James GoslingのJ、Arthur Van HoffのAとV、Andy BechtolsheimのA）に由来するものです。ファイルの拡張子は、「.java」です。

高い堅牢性や長年培われてきた実績、言語の信頼性が高いため、大規模なシステムや業務システムなどでも採用されることの多い言語です。サーバーサイドプログラミング以外でも幅広く使われているほか、オブジェクト指向的な考え方も学べるので、新たに勉強する言語としては適切だといえます。

しかし、習得の難易度や学習コストが少し高めのため、他の言語を習得した後に習得するプログラマーが多数います。

②Perl

Perl（パール）とはPractical Extraction and Report Languageの略で、ファイル拡張子は、「.cgi」または「.pl」です。

古くからある開発言語で、ブラウザ上で入力されたデータをサーバー上に保存したり、サーバーに蓄積されたデータを加工して表示させる場合などに有効な言語です。

アクセスカウンタ、掲示板、チャット、ショッピングサイトなどに使用されています。

③PHP

　PHP（ピーエイチピー）はサーバーサイドプログラミングの中でも特に普及している開発言語です。ウェブアプリケーションやウェブサイトなどのウェブ系の開発に特化しています。ファイルの拡張子は「.php」です。名称は開発者のラスマス・ラードフが個人的に開発していたPersonal Home Page Tools（短縮されてPHP Toolsと呼ばれていた）に由来し、現在では「PHP: Hypertext Preprocessor」を意味するとされています。

　PHPはシンプルな構文で、プログラミング初心者でも比較的容易に習得することができます。普及率が高いため多くの情報がインターネット上にあり、学習コストも低い言語です。

④Ruby

　Ruby（ルビー）は日本人が開発した国産プログラミング言語としても有名でメジャーな言語の1つです。ファイルの拡張子は一般的に「.rb」を使います。

　簡単なのに高機能という特徴を持っているといわれ、新しく習得する言語として推奨されている言語の1つです。

　これらの他にも、Python（パイソン）、Node.js（ノードジェイエス）、Swift（スウィフト）、C#（シーシャープ）などがサーバーサイドプログラムとして利用されています。

　以上が、ウェブサイトの基本的な仕組みです。この仕組みを理解することにより、社内、社外の関係者とコミュニケーションが取りやすくなり、自社のウェブサイトに集客力を付けるというゴールに近づくことが可能になります。

第4章

ウェブページの仕組み

　ウェブサイトの仕組みを知った次には、ウェブサイトを構成するウェブページの仕組みを知る必要があります。それにより、見込み客に伝わりやすいウェブページ、Googleなどの検索エンジンが理解してくれやすいウェブページを作ることが可能になり、企業のウェブを使った集客活動の成功率が高まることになります。

　本章では、ウェブページを構成する要素は何か、そしてどのような種類のウェブページがあるのかを探ります。

1 ウェブページの構成要素

ウェブページのレイアウト構成は、大きく、PC版サイトとモバイルサイトに分けられます。

1-1 ◆PC版サイトのウェブページの構成

PC版サイトのウェブページは一般的に次の要素で構成されています。

●PC版サイトのウェブページの一般的なレイアウト構成

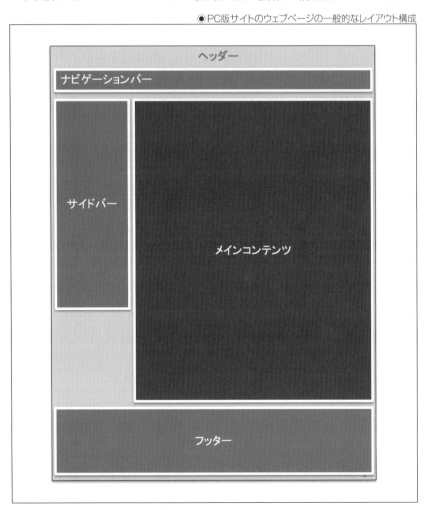

1-1-1 ◆ ヘッダー

　ヘッダーとはページの一番上の部分で、全ページ共通の情報があるところです。通常、左側にサイトのロゴ画像があり、その横にはサイト内検索窓やお問い合わせページへのリンクを載せているサイトが多い傾向にあります。サイトロゴを押すとトップページに戻るようにリンクを張ることが慣習になっています。

●サイト内検索窓やお問い合わせページへのリンクがあるヘッダーの例

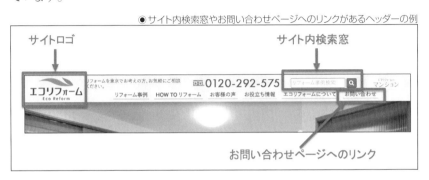

1-1-2 ◆ ナビゲーションバー

　ナビゲーションバーとはウェブサイト内にある主要なページへリンクを張るメニューリンクのことです。主要なページへリンクを張ることからグローバルナビゲーションとも呼ばれます。通常は、全ページのヘッダー部分に設置されます。そのことからヘッダーメニュー、ヘッダーナビゲーションと呼ばれることもあります。

●PC版サイトのナビゲーションバーの例

1-1-3 ◆ メインコンテンツ

　メインコンテンツとはウェブページの中央にある最も大きな部分で、その
ページで見るユーザーに伝えたい主要なコンテンツ(情報の中身)を載せる
部分です。メインコンテンツには文章だけでなく、画像、動画、地図などを
載せることができます。

●PC版サイトのレイアウト例

ナビゲーションバー

ヘッダー

サイドバー

メインコンテンツ

フッター

1-1-4 ◆ サイドバー

　サイドバーとはメインコンテンツの左横か、右横に配置するメニューリンクのことでサイドメニューとも呼ばれます。かつてはメインコンテンツの左横にサイドバーを配置するページレイアウトが主流でした。しかし、近年ではメインコンテンツを読みやすくするためにメインコンテンツの右横に配置するページレイアウトが増えてきています。特にブログのウェブページのほとんどは右にサイドバーが配置される傾向があります。

●PC版サイトのメインコンテンツの左側にサイドバーがある例

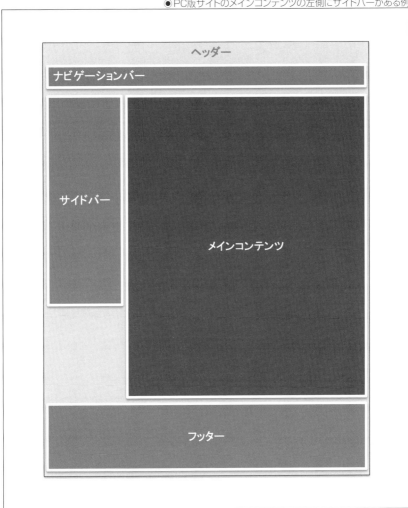

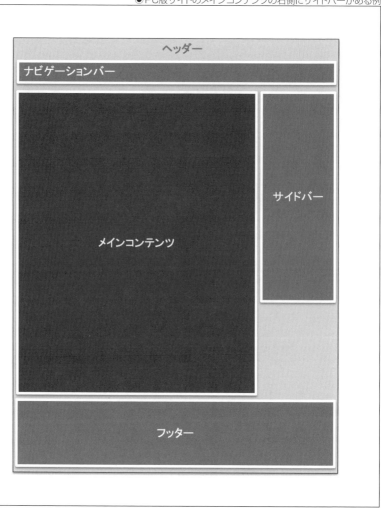

　また、幅が小さいスマートフォンサイトのページにはサイドバーを置く余裕がないため、スマートフォンユーザーの増加とともに、PCサイトのページにもサイドバーを設置しないページが増えています。サイドバーをメインコンテンツの横に配置しなければメインコンテンツの幅を広く取ることができ、メインコンテンツにはより多くの文章や、幅が広い大きな画像を掲載することが可能になります。

サイドバーがないウェブページはシングルカラム（1カラム）と呼ばれます。カラムとは柱、段という意味で1つの柱の中にすべての情報が掲載されているというイメージです。

ヘッダー

ナビゲーションバー

メインコンテンツ

フッター

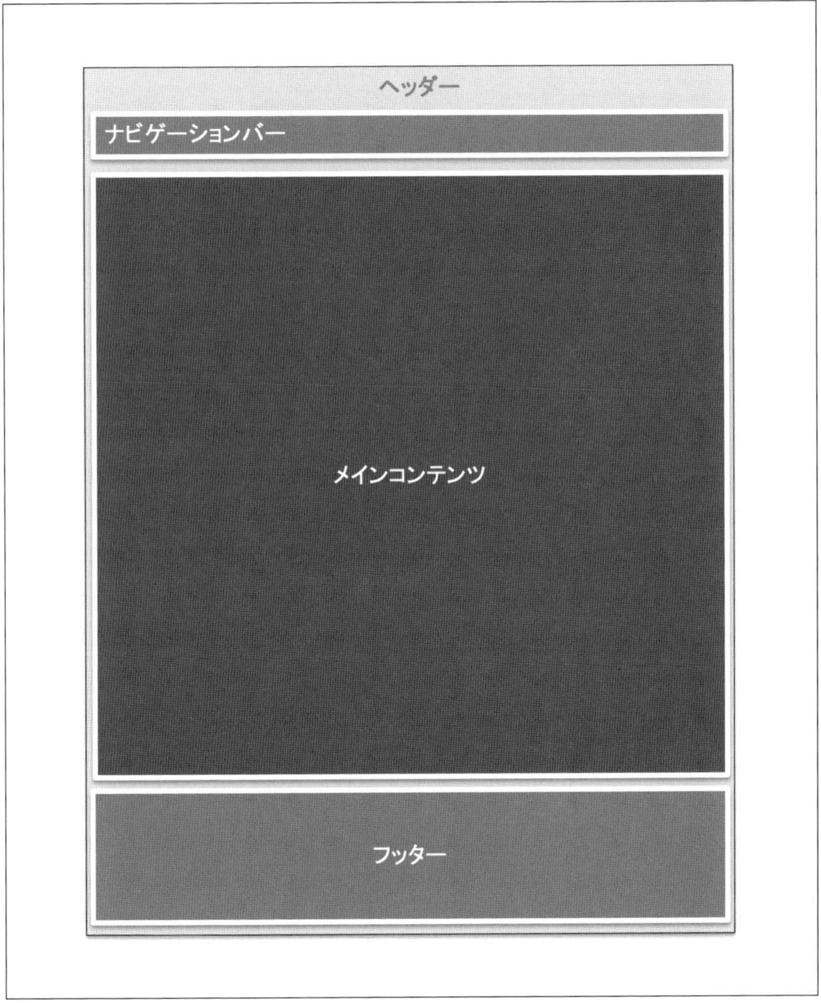

　サイドバーがメインコンテンツの横にあるウェブページは2カラム（ツーカラム）と呼ばれ、サイドバーがメインコンテンツの両横にあるウェブページは3カラム（スリーカラム）と呼ばれます。

●PC版サイトの2カラムのウェブページ例

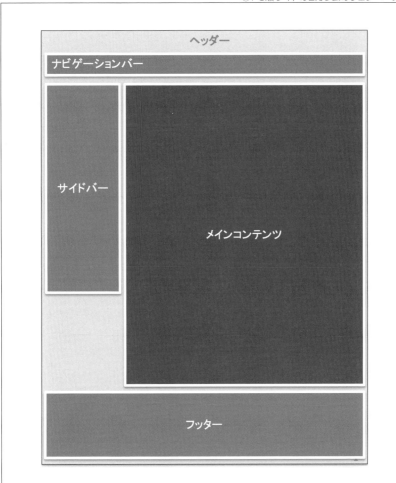

第4章

ウェブページの仕組み

1 ■ ウェブページの構成要素　　159

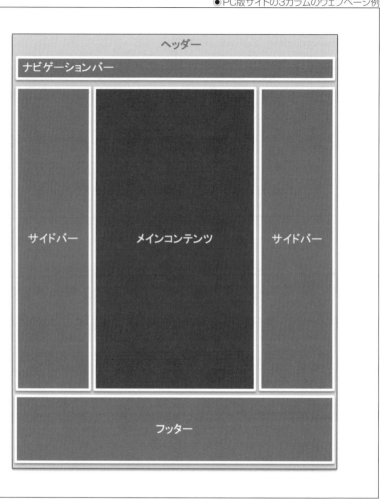

　一時期、3カラムのウェブページ、特にトップページが3カラムのウェブページが流行しました。しかし、3カラムのウェブページはたくさんの異なった情報を載せることができるという長所が短所にもなり、ごちゃごちゃした印象をユーザーに与える傾向があるため、最近では廃れてきています。その後は2カラムのウェブページが増え、最近ではモバイルサイトの普及が影響しているためシングルカラムのウェブページが急速に増えています。

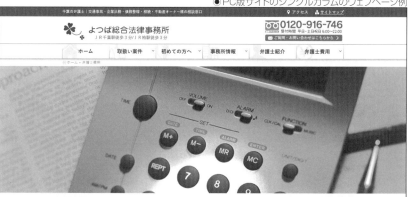

弁護士費用

交通事故
に関する費用

企業法務・顧問契約
に関する費用

債務整理
に関する費用

相続
に関する費用

不動産
に関する費用

弁護士費用について

::: 弁護士費用の種類

- **法律相談料** ... 相談者が、弁護士に対して、法律相談をする場合にかかる費用
- **着手金** ... 事件を依頼された時にお支払いいただく費用
- **報酬金** ... 依頼された事件が終了したときに、成功の程度に応じてお支払い頂く費用
- **実費** ... 交通費、通信費、裁判所に支払う手数料（収入印紙及び郵便切手）等
- **顧問料** ... 継続して法的アドバイスや相談を受けられる方に定期的にお支払いいただく契約料です。

::: 取り扱い業務別費用の有無

取り扱い業務・分野により費用は異なりますのでご相談時に事前にご説明いたします。

取り扱い業務	法律相談料	着手金	報酬金	実費	顧問料
交通事故	無料	無料	▲ ※1	▲ ※1	–
企業法務	初回のみ 無料	案件による	●	●	▲ ※2
債務整理	無料	無料	●	●	●
相続	初回のみ 無料	案件による	●	●	●
不動産トラブル	初回のみ 無料	案件による	●	●	▲ ※2

● PC版サイトの3カラムのウェブページ例

サイドバーはメインコンテンツに関連性が高いページへリンクを張ることからローカルナビゲーションとも呼ばれます。ローカルナビゲーションとは、メインコンテンツに関連性が高いページにユーザーをナビゲート（誘導）するリンクのことです。

　たとえば、メインコンテンツで自動車を紹介しているとします。その場合、自動車に興味があるユーザーは、サイドバーには他の自動車を紹介するページにリンクを張ったり、自動車関連グッズを紹介するページにリンクを張ったほうが、自動車とまったく関係ないパソコンや、掃除機のページなどにリンクを張るよりも、利便性が高まるという考えからローカルナビゲーションという概念が生まれました。

　また、サイドバーにはこうしたメニューリンクの他にも、コンテンツの作者やサイト運営者の略歴、広告リンクが掲載されることもあります。

1-1-5 ◆ フッター

　フッターとはメインコンテンツの下の部分で全ページ共通の情報を掲載する場所です。フッターには各種SNSへのリンク、サイト内の主要ページへのリンク、自社が運営している他のウェブサイトへのリンク、注意事項、住所、連絡先、著作権表示などが掲載されていることがよくあります。

●PC版ウェブページのフッターの例

1-2 ◆ モバイル版サイトのウェブページの構成

モバイル版サイトのウェブページは一般的に次の要素で構成されています。

●モバイル版ウェブページの典型的なレイアウト例

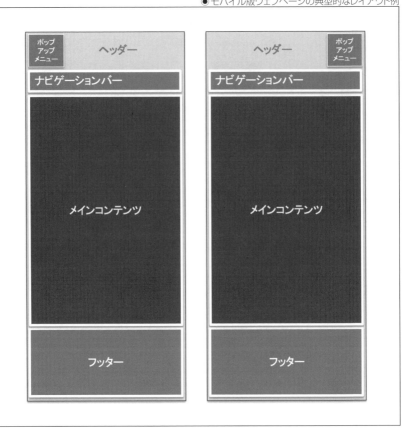

　モバイル版サイトのヘッダーにはポップアップメニューが左か、右のどちらかに設置されている傾向があります。

　ナビゲーションバーがあるタイプ、ないタイプの両方があり、最近ではナビゲーションバーを設置しないでポップアップメニューに主要ページへのリンクを掲載するデザインが増えています。

　ポップアップメニューはハンバーガーのアイコンのようなデザインであることが多いためハンバーガーメニューと呼ばれることがあります。

1-3 ◆ ウェブデザインの歴史と今後の対応

　PC版サイトで始まったウェブデザインの歴史は、シングルカラムで始まり、その後、2カラムになり、3カラムになりました。しかしモバイルサイト普及の影響を受けてシングルカラムに戻る道をたどるようになりました。

　今後も環境の変化に影響を受け、新しいレイアウトが生まれる可能性があります。その時々の流行を無視してしまうと自社のサイトが時代遅れのデザインになってしまいユーザーからの信頼を失いユーザー離れを引き起こすことにもなりかねません。

　これを防ぐには自らが積極的に多くのウェブサイトを見て、その時々の流行を捉え、機敏に対応していく柔軟性が求められます。

2 ウェブページの種類

ウェブページにはさまざまな種類があります。そして1つひとつのウェブページには重要な役割があります。サイト運営者がウェブサイトを通じてユーザーに伝えたい情報を整理し、それら1つひとつの情報を伝えるためにさまざまな種類のウェブページを作成していきます。

2-1 ◆ トップページ

トップページとはウェブサイトを構成するページのうち、最も上位にある「入り口」に相当するページで、ホームページとも呼ばれます。トップページの役割は主に2つあります。

2-1-1 ◆ サイト内の目次

1つは、サイト内の目次としてのような役割です。サイト内に存在する他のページにユーザーが自由に移動できるように複数の主要なページにリンクを張ります。

2-1-2 ◆ サイト全体の顔

2つ目の役割はサイト全体の顔としての役割です。サイトを訪問したユーザーにどのような企業なのか、どのような店舗なのかという印象を与えるというブランディングをする役割です。そのために趣向を凝らしたキャッチコピーや説明文、インパクトのある画像を掲載し、最近では商品・サービスや企業そのものを紹介する動画を掲載するケースが増えています。

これら2つの役割のバランスを取ることがトップページのデザインでは重要です。目次的な役割ばかりを重視すると企業のブランディングをするためのグラフィックデザインがなおざりになり企業イメージが損なわれます。

反対に、サイト全体の顔としての役割ばかりを重視すると見た目はよいデザインのサイトでも、ユーザーにとって使いにくいトップページになってしまいます。

そうなるとせっかくサイトの玄関口であるトップページに来てくれたユーザーを逃してしまい、せっかく用意した他のページを見てくれなくなってしまいます。

2-2 ◆ 新着情報

　新着情報ページは、「ニュース」「お知らせ」「What's New」とも呼ばれるページで、企業や店舗での最近の出来事や新商品・新サービスの発表など顧客への発表事項を掲載するページです。

　これら以外にもサイト内に最近追加されたページやブログ記事などの表題とリンクを掲載することもあります。

　新着情報ページは1つのページに上から順番に新しい情報を載せる追記式と、毎回新しいページを作成して新着情報ページからリンクを張る個別式の2種類があります。

● 追記式の新着情報ページ

　新着情報ページの目的は企業や店舗での最新の取り組みを見込み客や利害関係者に知ってもらうことの他に、サイトが活発に更新されていることをアピールするという目的があります。

2-3 ◆ プレスリリース

　プレスリリースとはニュースリリースとも呼ばれるもので、企業が新しい取り組みをするときに主にマスメディアに向けて発信するニュースコーナーです。

　近年では、マスメディア以外にもウェブに特化したニュースメディアやブログなどが新しい情報を求めているため自社サイト内にプレスリリースコーナーを設置してそこにプレスリリース記事を掲載することが一般的になってきています。

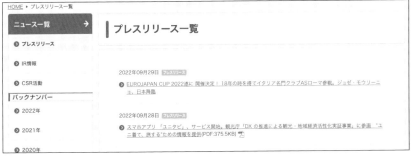

2-4 ◆ 初めての方へ・ご利用案内

　「初めての方へ」、「ご利用案内」というページは、初めてサイトを訪問したユーザーがサイト内にあるコンテンツをどのように閲覧するとユーザーの目的が達成できるかをわかりやすく説明したページです。

　特にネットショップや、ネットバンキングのサイトなどの複雑な手順を踏まなければならないサービスが提供されているページではユーザーが途中で操作方法がわからなくなりサイトを離脱してしまうことは大きな損失になります。こうした損失を未然に防ぐために専門知識や背景知識がない人でもサイトの利用方法を簡潔に解説しているサイトが多数あります。

● 企業サイト内の初めての方へページ

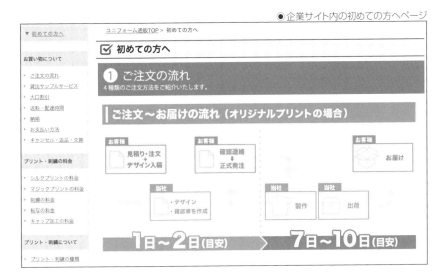

第4章
ウェブページの仕組み

2-5 ◆ メディア実績・講演実績・寄稿実績

　テレビCMや大手マスメディアで見かける有名企業ではなく、ウェブ上で初めて知った未知の企業を信用することは困難です。そのため、ユーザーは商品やサービスを気に入ったとしても信頼性が低いと認識してしまうためすぐには商品・サービスを申し込んでくれないことがあります。そうしたユーザーに信頼してもらうための方法としてメディア実績、講演実績、寄稿実績を掲載したページを持つ企業があります。

　これらのメディア実績ページにはこれまで自社のことを取り上げてくれた新聞記事、雑誌記事の記事タイトルや概要、発行年月日などを記載しています。また、TV番組やラジオ番組に取り上げられた場合はその番組名やどのような形で取り上げられたのかを記載することが一般的です。

●メディア掲載実績、寄稿実績ページの例

2-6 ◆ 受賞歴・取得認証一覧

　サイト運営企業を信頼してもらうためのもう1つの材料としては企業がこれまで第三者から受賞した各賞の受賞歴を掲載するページを作る企業もあります。

業界内で権威性が高い団体からの受賞や、関係する各種賞を受賞したときは賞の名称、賞を与えた団体名、受賞年月日などを掲載することにより信頼性が増すことがあります。

● 受賞歴一覧ページの例

ホーム ＞ とっておきのYKK ＞ 受賞歴一覧

受賞歴一覧

YKKの製品やYKKセンターパーク、パッシブタウンなどが受賞したニュースリリースをまとめています。YKK APの受賞歴はこちら 🔗 をご覧ください。

2021年

2021年10月5日	▶ 第12回EST交通環境大賞の大賞(国土交通大臣賞)を受賞しました。
2021年4月20日	▶ パッシブタウン第1街区が日本建設業連合会 第61回BCS賞を受賞しました。
2021年4月19日	▶ YKK株式会社が知財功労賞 経済産業大臣表彰を受賞しました。
2021年2月17日	▶ 「This is YKK 2020」が「第24回環境コミュニケーション大賞」環境報告部門 優良賞を受賞しました。

2020年

2020年10月1日	▶ YKKのファスナー VISLON® magnet typeが「2020年度 グッドデザイン・ベスト100」を受賞しました。
2020年6月9日	▶ 一般財団法人 エン人材教育財団「CareerSelectAbility®賞」を受賞しました。

　また、製造業やIT、セキュリティの業界の場合は審査が厳しく、取得するのに数々の関門をくぐり抜ける必要があるステータスが高い認証機関の認証名を列挙しているところもあります。

Cert No. 7744

QMS
（ISO 9001）

ISO 9001は、製品やサービスの品質保証
を通じて、顧客満足向上と品質マネジメン
トシステムの継続的な改善を実現する国
際規格です。ISO 9001審査を行うことで、
お客さまは運用している品質マネジメント
システムの効果を高めることができ、シス
テム改善の"気づき"を得ることができま
す。

Cert No. 7744

ISMS
（ISO 27001）

ISO 27001は、組織が保有する情報にか
かわるさまざまなリスクを適切に管理し、
組織の価値向上をもたらすISMSの国際
規格です。情報の機密性（C:Confidentiali
ty）・完全性（I:Integrity）・可用性（A:Avail
ability）の3つをバランスよくマネジメント
することで、企業は保有する情報資産を
有効に活用することができます。

安全安心

インターネット接続サービス
安全・安心マーク

「インターネット接続サービス安全・安心
マーク」は、一般利用者が事業者を新たに
選択する際、ユーザ対策やセキュリティ対
策などが一定基準以上であるという目安
を提供するものです。
詳細についてはこちらをご覧ください。

2-7 ◆ サービス案内ページ・サービス販売ページ

　法律事務所や、行政書士事務所などの士業のサイトや、ウェブ制作会社やカウンセリング事務所、病院・クリニック、整体院などのサービス業のサイトにはサービス案内ページ、またはサービス販売ページがあります。

　サービス案内ページには、どのようなサービスを提供しているのか、提供している1つ1つのサービスを詳しく説明します。そうすることにより、見込み客からの問い合わせを増やすことや来店を促すことが可能です。

　また、サービスの案内をするだけでなく、サイト上で申し込み、予約ができるようにするサービス販売ページを持つサイトもあります。申し込み時、予約時にクレジットカードなどで決済が完了するサービス販売ページを持てばサイト上で即時に売り上げを立てることが可能になります。

2-8 ◆ 商品案内ページ・商品販売ページ

　製造業や卸業のサイトでは取扱商品をサイト上では販売せずに、紹介するだけの商品案内ページがあります。

　一方、物販のウェブサイト、オーダーメイドの商品を販売するサイトには商品販売ページがあります。商品販売ページではユーザーが商品をオンライン上で申し込み、クレジットカードや電子マネー、後払いサービスなどを使って決済することができます。

商品販売ページには商品の名称、説明文、仕様、価格などの商品詳細を記載するだけでなく、ユーザーから信頼してもらうために過去の購入者からの評価やコメントを表示するものが増えています。

●商品案内ページの例

● 商品販売ページの例

第4章

ウェブページの仕組み

2-9 ◆ 事業案内ページ

　企業案内を主たる目的で作った企業案内サイトには事業案内ページを
設置するとその企業がどのような事業を展開しているかをユーザーに知ら
せることができます。このページには事業一覧を掲載し、各事業名をクリッ
クするとその事業の詳細が表示されると、より一層企業の事業内容をユー
ザーが理解してくれるようになります。

●事業案内ページの例

2-10 ◆ 広告専用ページ（広告用LP）

　GoogleやYahoo! JAPANなどの検索エンジンの広告枠に表示するため
の専用のページを広告専用ページ、広告用LP、またはLP（エルピー）と呼
びます。LPはランディングページの略で、ユーザーが検索エンジンやウェブ
サイトにあるリンクをクリックして最初に訪問するページのことです。
　広告専用ページはユーザーが最短で購入、または申し込みというゴール
に達することができるようにするために他のページへはリンクをせずに、1つ
のページだけで完結する作りのものがほとんどです。

また、検索エンジンの自然検索欄に表示されるページと広告専用ページの内容が重複すると自然検索での検索順位が下がってしまうため、広告専用ページのHTMLソース内に「<meta name="robots" content="noindex">」というような検索エンジンに登録しないためのタグを記載することがあります。

●広告専用ページの例

2-11 ◆ 料金表・費用

　サービス業の場合は、ユーザーがそのサービスを利用するのにかかる料金、費用を明確に表記することによりユーザーが安心して申し込み、または問い合わせをすることが可能になります。

　そのため、サービス案内ページだけでなく、詳しい料金体系を説明するための料金表ページを持っているサイトが多数あります。

●法律事務所のサイトにある費用ページの例

しかし、建設業や、ウェブ制作業、システム開発業などのように料金が何十万円、何百万円などと高額なサービスを提供している業界のサイトでは、あえて料金表ページを作らず、サービス案内ページにも料金や費用の情報は載せないことがよくあります。

　あまりにも高額な料金を載せることによりユーザーからの問い合わせや、申し込みが激減することがあるからです。このような高額なサービスを提供している業界のサイトでは料金についてはまったく触れずに「お問い合わせください」または「無料相談はこちらから」という言葉を記載し、お問い合わせフォームや無料相談フォームページに誘導するか、「お見積もりはこちらから」という言葉を記載して見積もり依頼フォームページへ誘導することが効果的です。

●ウェブ制作サービス案内ページにあるお問い合わせフォームへのリンクの例

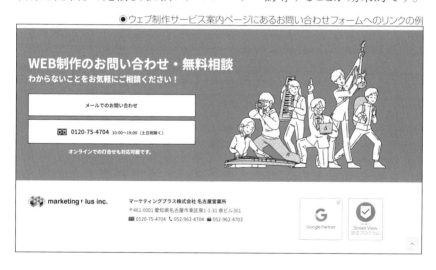

2-12 ◆ 特定商取引法に基づく表記

　特定商取引法とは、事業者による違法・悪質な勧誘行為などを防止し、消費者の利益を守ることを目的とする法律です。具体的には、訪問販売や通信販売などの消費者トラブルを生じやすい取引類型を対象に、事業者が守るべきルールと、クーリングオフなどの消費者を守るルールなどを定めています。クーリングオフとは一定の契約に限り、一定期間、説明不要の無条件で申し込みの撤回または契約を解除できる法制度のことです。

ウェブサイト上で物品・サービスを販売する場合は必ず「特定商取引法に基づく表記」を記載しなければなりません。特定商取引法に基づく表記に関するページには、事業者の正式名称、代表者名、住所、電話番号、メールアドレスなどの消費者庁によって定められた情報を記載する必要があります。これらの他にも返金が可能か、可能な場合の条件や送料を誰が負担するかなどの取引上の取り決めを記載することが求められます。

　こうした情報を事前にユーザーに見せることにより、購入後のトラブルを避けユーザーと販売者の両者のストレスを軽減することが可能になります。

- 通信販売｜特定商取引法ガイド（消費者庁のサイト）

　URL https://www.no-trouble.caa.go.jp/what/mailorder/

●物販サイトの中にある特定商取引法に基づく表記ページの例

ユニフォーム通販TOP > 会社概要 > 特定商取引法に基づく通販の表記

☑ 特定商取引法に基づく通販の表記

特定商取引法に基づく通販の表記
特定商取引法に基づく通販の表記についてはこちらです。

販売業者の名称	株式会社　ランドマーク
運営統括責任者	笠原 健
販売業者の住所	〒163-1308 東京都新宿区西新宿6-5-1　新宿アイランドタワー8F
販売業者の連絡先	**フリーダイヤル:**0120-115-116　**TEL:**03-5909-3351（代表）　　**FAX:**03-5909-3352 **メール:**info@l-m.co.jp
代表者	代表取締役会長　石井 和雄 代表取締役社長　石井 達也
商品の価格	各商品ごとに表示
支払期限	**銀行振込**：納期・お支払い総額確認メールに記載する期日内 **代金引換**：商品受け渡し時（現金） **クレジットカード**：商品発送月に課金対象 **後払い**：請求書発行・商品受け渡し後14日間以内
引き渡し時期(納期)	在庫のある商品は、ご注文後約2～4営業日後
商品代金以外の必要料金	加工料 送料（但し総額1万円以上は無料） 代金引換手数料（但し総額1万円以上は無料）
キャンセルについて	商品の交換または返品は受け付けないものとします。
不良品・返品・交換の取り扱い	お客様の都合で、返品・交換の場合は、商品到着後8日以内に連絡があった場合のみとさせて頂きます。その場合、返品送料はお客様負担となります。 商品のみを当社より購入後に、お客様の方でプリント加工をされる場合は、プリント後の交換・返品はできませんので、もし不良品があった場合はプリント加工前に交換・返品下さい。 **但し、次の場合は返品・交換は致しかねますのでご了承ください。** ・ニット関係の商品　（Tシャツ/ポロシャツ/トレーナー/シャツ類等） ・お客様が既にご使用になられたもの ・名入れ加工済みのもの 当社責任によりお客様にご迷惑をおかけしました場合は、当社にて負担いたしますので、着払いにてご返送ください。 返品交換が出来ない商品に関しては各商品ページ毎に記してあります。

2-13 ◆ 当社の特徴・選ばれる理由

　ウェブ上で商品・サービスを販売する企業が増える中で、日に日にその競争は激しくなっています。同じ分野に多数の販売事業者がいる場合、ユーザーは自分の欲求を満たしてくれそうな企業の商品・サービスを選ばねばなりません。

　その際にユーザーは複数の企業のウェブサイトを比較します。各社の商品・サービスの違いが明確ならば決めやすいのですが、違いがない場合はその中で最も信頼できそうなところに申し込む可能性があります。あるいは比較検討した結果、ある企業のサイトで販売している商品・サービスを最も気に入ったとしてもそれを販売する企業が信頼できない場合は候補から外されてしまうリスクがあります。

　こうしたときのために、ウェブサイト上に「当社の特徴」や「当社が選ばれる理由」というページを作り、そこに自社を競合他社と比べたときにどのようなユニークな特徴があるのかを箇条書きなどで記載します。そうすると競合他社と差別化でき、ユーザーが「ここで買いたい」「ここが一番信頼できそうだ」と判断してくれる確率が高まります。

　競争率が極めて高い、歯科医院や整体院などの業界のサイトには「当院の特徴」「当院が選ばれる理由」というページを設置するようになってきてます。自社の業界の競争環境が激しいと感じたときは、競合他社に負けないためにこうしたページを作り、そこにはユーザー目線でどのような特徴を自社が持っているかを簡潔にまとめるとよいでしょう。

1 実績が豊富なので安心

1989年より大阪で歯列矯正を行っており、グループ全体で2021年12月現在**過去症例数は41800人以上**行っているので安心できます。2021年は**初診の患者様が8212人**来られました。

これは日本はもとより世界の矯正歯科の中でもトップクラスの患者数です。皆さまから支持をされている大阪の矯正歯科ですので安心して通っていただけます。

2 夜8時までやっていて通いやすい

土日も朝9時から夜8時まで診療※しているので予約が取りやすいです。万が一キャンセルなどで予約を他の日に変更した場合も予約が取りやすいので、治療が計画通りスムーズに進みます。

矯正治療はよく期間がかかるといいますが、期間がかかる原因の何割かは患者さんが忙しくて予約をキャンセルした場合に、次の予約を取ろうと思っても医院の予約が空きがなく取れないということが起こり、結果的に治療が長引くことが結構多いのです。

当院は患者の皆さんの通いやすさを考え、治療をスムーズにそして早く終了するようにという思いから土日も診療しております。

※医院によって休診日・診療時間が異なります。

▪ 各院紹介はこちら ▪ ご予約はこちら

2-14 ◆ 約束・誓い

　当社の特徴・選ばれる理由よりも、さらにトーンが強いのが「お客様への5つのお約束」「患者様への3つの誓い」というようなユーザーへの約束、誓いを宣言するページです。これも競争率が高い業界のサイトに増えているページです。

　このページには特にユーザーが懸念していることを先に記載してその懸念を払拭するようなことを書くことが効果的です。たとえば、学習塾の場合なら「授業料以外にもたくさんの教材を買わされて実際の費用はもっと高いのでは……」と思うユーザーが多いと判断したときには、このページには「必要最低限の教材以外の売り込みは一切しません」などという方針を記載することにより成約率が高まる可能性があります。

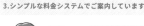

3.シンプルな料金システムでご案内しています

「いろいろ加算されてしまい、けっこうな金額になってしまった」というようなことが無いように、シンプルな料金システムを採用しております。

4.定期的な保護者面談

保護者の方にご安心いただくために、定例の保護者面談のほか、ご希望があればいつでも面談をおこなっております。また、学習相談はもちろん、受験などの情報提供にも力を入れております。

5.本当に必要な教材のみを購入します

教材は生徒一人ひとりにあわせてご用意し、実費のみをご負担していただく形式をとっております。特別なカリキュラムでない限り、年間の合計額でも数千円程度のご負担で済みます。

2-15 ◆ 事例紹介

　サイトからの売り上げを増やすために有効な手段の1つとして、事例をたくさん見せるというのがあります。事例紹介ページが成約率を高める効果がある理由は、これまで見たことのない知名度の低い企業のウェブサイトをユーザーが見たとき、不安を感じるからだと考えられます。そうしたユーザーの不安を払拭するのに役立つのが事例紹介ページです。

2-15-1 ◆ 作品事例・制作事例

　ウェブ制作会社や、デザイン会社、動画制作会社などの制作・デザイン会社のサイトに過去の作品例を載せるようになったら問い合わせが増えたという声がよく聞かれます。

　ウェブ制作会社や動画制作会社は過去にクライアントに納品した作品の制作事例を画像、または動画とクライアント名、プロジェクト名、できればその作品で意図したことは何かなどという詳細も添えると信頼性を増すことが期待できます。

2-15-2 ◆ 施工事例

　建築業や設備業などの高額な費用がかかる施工をサービスとして販売する場合、ユーザーの心理としては施工事例が豊富な事業者や、自分が望むスタイルの工事の実績がある事業者、有名な案件の施工をした事業者を信頼する傾向が高いと思われます。

●リフォーム会社の施工事例紹介ページ

2-15-3 ◆ 買い取り事例・修理事例

ユーザーが不用品や貴重品の買い取りを依頼する際や、大切な持ち物の修理を依頼するときは、それらの買い取り価格や修理費用を知りたがる傾向があります。実際にどのようなものをいくらで買い取ったのか、どのようなものをいくらで修理したかを事例としてなるべくたくさん掲載すれば成約率が高まりやすくなります。

●ブランド品買い取り店の買い取り事例紹介ページ

2-15-4 ◆ 相談事例・成功事例・解決事例

コンサルティング業や、法律相談業などでも、実績が豊富な依頼先をユーザーは意識的、無意識的に探している可能性があります。これまでどういう状況だったクライアントにどんなサービスを提供したらどのような結果になったのかを手短でよいので文章で表現することにより信頼性が高まります。

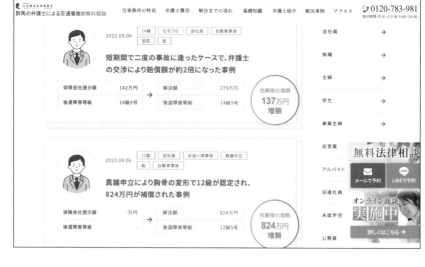

　こうした各種事例を掲載するにはお客様からの許可が必要です。起業をしたばかりのころや、実績が少ない時期には事例掲載許可を条件に一定の割引を提供するか、通常よりもサービスを多めに提供するなど他のクライアントよりも優遇するとクライアントが快く掲載許可を出してくれることがあります。

2-16 ◆ 無料お役立ちページ

　ユーザーが知りたそうなこと、悩んでいると思われることを予想して、それらの問題、課題を解決するためのアドバイスや、ユーザーが知りたい言葉の意味の解説をするページを作ることによりユーザーが検索エンジン経由でサイトを訪問してくれるようになります。

2-16-1 ◆ コラム

　その分野のプロとして、見込み客にとって役に立ちそうなコラム記事を書き、それらを蓄積していくとGoogleやYahoo! JAPANなどの検索エンジンで上位表示をしてサイトのアクセス数が増えるだけでなく、コンテンツを見た見込み客が信頼してくれてサイトの売り上げが増えやすくなることがあります。

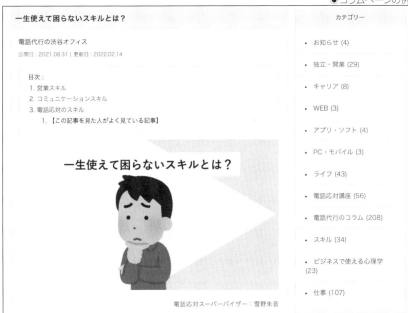

一生使えて困らないスキルとは？

電話代行の渋谷オフィス

公開日：2021.08.31｜更新日：2022.02.14

目次：
1. 営業スキル
2. コミュニケーションスキル
3. 電話応対のスキル
    1.【この記事を見た人がよく見ている記事】

電話応対スーパーバイザー：雪野朱音

- お知らせ (4)
- 独立・開業 (29)
- キャリア (8)
- WEB (3)
- アプリ・ソフト (4)
- PC・モバイル (3)
- ライフ (43)
- 電話応対講座 (56)
- 電話代行のコラム (208)
- スキル (34)
- ビジネスで使える心理学 (23)
- 仕事 (107)

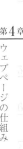

第4章 ウェブページの仕組み

2-16-2 ◆ 基礎知識

　自社が取り扱っている商材の分野においてユーザーが知りたがりそうな基礎的な知識を解説するページを増やしていくと、コラム記事同様にサイトのアクセス数や成約率が高まることが期待できます。

URLの基礎知識

執筆:一般社団法人全日本SEO協会代表理事　鈴木将司
作成:2022年4月3日

インターネットが普及し、SEO（検索エンジン最適化）への関心が高まっている現在。今回は、よりSEOの理解を深めていけるようSEOを成功させるために必要なURLの基礎知識についてわかりやすく解説していきます。

URLとは？

そもそもURLとは何なのでしょうか。URLは、Uniform Resource Locatorの略で、Uniformは「統一された」、Resourceは「資源」、Locatorは「見つけるもの」という意味があるので、直訳すると「全世界統一資源を見つけるもの」になります。

URLは、Web上に存在するWebサイトの場所を示すものでWeb上の住所を意味しているため、Webアドレス、またはホームページアドレスと呼ばれることもあ

2-16-3 ◆ 用語集

　自社の業界に関する基本的な用語や、新しい語句の意味を解説するページが用語集ページです。こうしたページを作ると検索エンジンからの流入が増えるだけでなく、自社サイト内でそれらの用語が使用されている文章から該当する用語解説ページにリンクを張り、サイトの利便性が向上することがあります。

●用語集ページの例

2-16-4 ◆ ブログ

　気軽なブログ形式で、コラムや、基礎知識解説などの記事を投稿しているサイトが近年増えており、実施前に比べてサイトのアクセス数が増える傾向があります。ブログ記事を書くときの注意点としては、サイト運営者の日常を綴るような日記的な記事ではなく、ある程度、読み応えのある内容、つまり「読んで得した」と思ってもらうような内容を書くことを心がけるとより大きな成果を上げることができます。日常を綴るような日記的な内容や、文字数が数百文字というような短めの記事はブログではなく、Twitter、Instagram、FacebookなどのSNSを企業として開設し、それらに投稿するという棲み分けをする企業が増えています。

2-16-5 ◆ お役立ち資料

　ワード、エクセル、パワーポイントなどで作成した資料をPDF形式で保存し、それらをお役立ち資料ダウンロードページなどからリンクを張ると、サイト訪問者の満足度が高まるだけでなく、検索エンジンからの流入を増やせることがあります。また、第三者がその内容を高く評価してくれた場合、紹介のためのリンクを張ってくれることもあります。

●通信技術企業のサイトにあるお役立ち資料ページ

2-17 ◆ メールマガジン紹介ページとバックナンバーページ

　サイトを訪問したユーザーで自社の商品・サービスを気に入ってくれた場合、それらすべての人たちがすぐに申し込みをしてくれるとは限りません。多くの場合は、さまざまな事情があり初めてサイトを訪問したときには何のアクションも起こしてくれないものです。そうした場合でもせっかく来てくれたユーザーを失うのではなく、将来的に再度購入を検討してもらうためにメールマガジンを書き希望者に送信することがユーザーのつなぎ止めに有効な手段になります。

　このことを実現するためにメールマガジン紹介ページを作り、そこでメールマガジンを購読するとどのようなメリットがあるのかを説明しているサイトが多数あります。

●メールマガジン購読の案内ページ

代表者プロフィール

現在地：トップページ ≫ メールマガジン

無料メールマガジン（全国対応）
子供を医者にした親は、幼少期にどんな教育をしていたのか？

こんにちは、幼児教室ひまわり塾長の熊野です。

幼児教室ひまわり　塾長
熊野　貴文（内科医）
1978年　兵庫県神戸市生まれ
1991年　灘中学校入学
1997年　灘高等学校卒業
1997年　大阪大学医学部医学科入学
2003年　大阪大学医学部医学科卒業
同年　医師国家試験合格、医師免許証取得
各地での公演を通じて、「子供を医者にするための学習法」を、全国の保護者に伝える。
詳細はこちら

私たちの教室では、子供を医学部や灘中学に合格させた親が講師となり、子供を医者にするための早期教育のやり方（主に11歳まで）を指導しています。対象は親御さんとなります。

ひまわりの講師陣は、子供を医者にしたり、灘中学に合格させただけでなく、幼児教育のプロフェッショナルとして最前線で活躍している専門家が集まっています。

幼児教室ひまわり塾長
熊野貴文

幼児教室ひまわり活動報告ブログ
最新記事一覧

○ ひまわり教育研究センター
9月プレスリリースが
Yahoo!ニュースに掲載され
ました。
(2022/09/11)

○ 当教室の各SNS、運営開
始のお知らせ
(2022/09/01)

また、塾長の私自身も灘中学を卒業し、東大に入るより難しいと言われている阪大医学部に現役合格し、医師免許を取得した経歴があります。

自分自身が受けてきた教育や実体験をもとに、塾長としてみなさまに教育法を指導しています。

（私たちの教室の講師陣については、こちらのページでご紹介しています。）

　すべてのページのメインコンテンツの下のフッター部分などにメールマガジン購読の案内を記載すると見込み客が購読をしてくれる可能性が開けます。

●メインコンテンツの下のフッター部分にあるメールマガジン購読の案内ページへのリンク

中学受験で志望校に合格するためには、算数がとても重要です。
ぜひ、中学受験の算数が強くなるように、お子さまを導いてあげましょう。

🐦 Twitter　f Facebook　B! はてなブックマーク　💬 LINE

幼児教室ひまわりでは、お子さまの脳を鍛える具体的な方法や難関中学に合格するための勉強法などを、オンライン講座やメールマガジンで公開しています。

もっと深く学びたいという方は、ぜひ私たちのメールマガジンにご登録ください。

わが子を東大や医学部に導いた親たちは、
幼少期にどんなことをしていたのか？さらに深く、詳しく学べます。
5万人以上が購読中！無料メールマガジン

詳細はこちら

また、メールマガジン購読を検討するにあたり、過去にどのような記事が
配信されたかを参考にするユーザーもいるためこれまで発行したメールマガ
ジンのバックナンバーページを作成することも有効な方法です。

2-18 ◆ 会社概要・店舗情報・運営者情報

　企業のウェブサイトのページの中でも必須のページであり、法人の場合は
会社概要、企業情報などと呼ばれ、店舗のウェブサイトの場合は店舗情報、
個人が運営しているブログなどでは運営者情報と呼ばれるページです。

　掲載する内容は、企業名（店舗名、サイト名またはブログ名）、代表者名、
事業所の所在地、電話番号、メールアドレス、そして事業内容一覧などを
載せることがあります。また、政府からの許認可が必要な業界では許認可
番号や保有資格、認証機関からの認証番号、所属団体名、所属学会名
を記載している企業も多数あります。

　多くのユーザーが自分が見ているサイトが信用できるかを確認するために見
る可能性が非常に高いページなので正確な情報を載せる必要があります。

個人が副業でサイトやブログを開いている場合は自宅の住所や電話番号を記載できないことがありますが、サイト訪問者が連絡できるように配慮しないとユーザーからの信用を獲得することは極めて困難になります。そういった場合は、月額数千円から数万円の料金がかかりますが、シェアオフィスや秘書サービスなどを提供する企業と契約して住所と電話番号を借りることもできます。

◉法人が運営するサイトにある会社概要ページ

会社概要

会社名	株式会社エコリフォーム
代表取締役	塩谷 理枝
所在地	〒135-0047　東京都江東区富岡1-22-29 中村ビル2F ※詳しくはアクセスをご覧ください。
フリーダイヤル	0120-292-575
TEL	03-3641-4134
FAX	03-3641-4125
事業内容	建物の増改築及びリフォーム
資本金	500万円
創業	昭和35年6月21日
設立	平成16年6月4日
建設業許可番号	東京都知事 許可(般−30)第129925号登録資格
一級建築士事務所登録	東京都知事登録 第60382号

2-19 ◆ 経営理念

　経営理念とは、企業の活動方針の基礎となる基本的な考え方のことで、企業の活動方針を明文化したものです。経営理念は会社概要ページに掲載されている場合もありますが、独立した1つのページを作り、そこに経営理念を箇条書きで載せ、その下にその経営理念に基づいてどのような取り組みをしてきたか等詳しい説明を載せると興味を持ったユーザーが共感して信頼してくれる可能性が高まります。

TOYOTA　　　　企業情報　ニュースルーム　モビリティ　サステナビリティ　投資家情報

基本理念

企業情報. 経営理念

1. 内外の法およびその精神を遵守し、オープンでフェアな企業活動を通じて、国際社会から信頼される企業市民をめざす

2. 各国、各地域の文化、慣習を尊重し、地域に根ざした企業活動を通じて、経済・社会の発展に貢献する

3. クリーンで安全な商品の提供を使命とし、あらゆる企業活動を通じて、住みよい地球と豊かな社会づくりに取り組む

4. 様々な分野での最先端技術の研究と開発に努め、世界中のお客様のご要望にお応えする魅力あふれる商品・サービスを提供する

5. 労使相互信頼・責任を基本に、個人の創造力とチームワークの強みを最大限に高める企業風土をつくる

6. グローバルで革新的な経営により、社会との調和ある成長をめざす

7. 開かれた取引関係を基本に、互いに研究と創造に努め、長期安定的な成長と共存共栄を実現する

トヨタは、'92年1月「企業を取り巻く環境が大きく変化している時こそ、確固とした理念を持って進むべき道を見極めていくことが重要」との認識に立ち、「トヨタ基本理念」を策定いたしました。（'97年4月改定）

2-20 ◆ ブランドプロミス

　ブランドプロミス（ブランドの約束）とは、企業のブランドが顧客に対して約束する商品・サービスの品質、機能、価値のことです。顧客から自社のブランドをどう思われたいかを考え、その中で自社が実際に約束できることを考えて決めます。

　ブランドプロミスをサイト上で表明することにより、ユーザーが抱く自社のイメージ作りを助けるとともに、信頼感を増すことが期待できます。

Brand Promise

スタイル

私たちが創る家具は真実を語ります。

春夏秋冬が織りなす光や風をしっかりと受けた私たちの家具はどんな空間でも、そっと全てを包み込んでいきます。

そして100年後のスタンダードとなるべく常に本物であり続けます。

機能性

私たちが創る家具は静かに寄り添います。

生活に関わるあらゆる部分に、素材の温もりと特徴を活かし日本の生活道具を高めるため再定義し続けています。

手に足に身体に、すべてに優しい作品であり続けます。

安心・安全への配慮

私たちが創る家具は人間を気遣います。

どんなに見た目が美しく、いかに効率が良いものであっても地球にヒトに優しいものでなければ取扱いません。

見えにくい部分にこそ安全性の高い「ものづくり」を徹底します。

2-21 ◆沿革

　沿革とは、今日までの歴史、変遷を意味する言葉です。沿革ページには、企業が誕生してから今日までの重要な出来事を時系列で記載します。企業の設立から始まって、新規事業のスタート、組織の改変、認証の取得、支店の設立、賞の受賞などの企業にとって重要な出来事を記載します。このページは現在進行系で発展している企業だという印象をユーザーに与えるのに役立ちます。

| 1960年代

国内初の自動血球計数装置
「CC-1001」実用化成功。

1961年6月	東亞特殊電機株式会社（現TOA株式会社）が医用電子機器業界へ進出方針決定 研究室を新設し、3人の技術者が調査を開始
1963年12月	国内初の自動血球計数装置「CC-1001」実用化成功。
1966年1月	自動血球計数装置「CC-1002」発売
1967年7月	電気メーカーとして初めて開発した試

2-22 ◆ 物語

　企業の成り立ちから企業が顧客に伝えたい価値を物語として描くのが物語ページです。論理的に伝えるのではなく、情緒的に伝えることにより多くのユーザーに企業の特色、ブランドの特徴が伝えるページです。集客のためだけでなく、求人にも効果が期待できます。

私たちの物語

「イノベーションは、新しい方法で古い問題に近づいてから始まります」

地震の保護 – 私たちの唯一のビジネス

WorkSafeテクノロジーズは、より良い解決策は何の問題のために存在すると考えています. 常にこれらのソリューションを検索すると、当社の事業の基盤であります. This philosophy, 従業員のだけでなく、ハードワークと献身, 私たちは世界中の企業のための地震保護における第一人者として自分自身を配置することができ.

当社の現社長、ドン・ハバードは、上の彼のガレージでのWorkSafeテクノロジーを開始しました 28 数年前. 彼は、地震活動から作業環境を保護することにより、作業者の安全を確保する手助けを目的としたのWorkSafeを設立しました.

私たちの第三十年の終わりに近づい, 私たちは、世界の地震地帯全体で地震保護のための主要な資源であります.

Our Business is Protecting Your Business

2-23 ◆ 組織図

　組織図のページを作ることにより、どのような体制で業務を推進しているかを公開し、企業の信頼性をユーザーに訴求することが目指せます。

●法人が運営するサイトにある組織図のページ

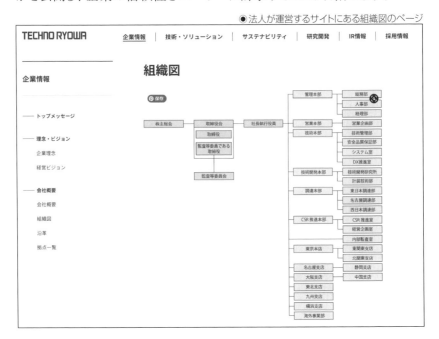

2-24 ◆ 代表ご挨拶

　代表ご挨拶ページでは、企業の代表が何のためにどのような取り組みを企業として行っているのか、企業の理念や目標などを伝えるページです。商品・サービスの購入を検討している見込み客だけでなく、求人の応募を検討している求職者や、銀行の融資担当者、投資家たちも注目するページです。

　文章だけでなく、極力代表者の写真も掲載すると隠しごとのない、オープンな企業だという好印象を与えることが可能になります。

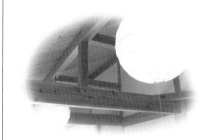

これからも家造り好きの設計者として、住まいをつくってまいります。

私の少年の頃の夢はパイロットでした。でも、今ではこの仕事を天職だと思っています。私は本当に設計の仕事が好きで、古い建築物や古民家に触れるときには、それを建てた人の思いや建物を支えてきた木のすばらしさに胸が震えます。幼いときに祖父と共に木から箸をつくった記憶も、木に傾倒する所以かもしれません。

私は、きっと死ぬまで一生設計者であり続けるでしょう。お客様が望む暮らし方のできる家をつくる──今後もこの思いを心の中でまるで聖火のように燃やしながら、地域の皆様や社員と共に住まいづくりに携わってまいります。

この地に生まれ、この仕事にめぐり逢えたことに感謝しながら。

2-25 ◆ スタッフ紹介

　代表者だけでなく、企業で働くスタッフたちがその会社で働いて嬉しかったこと、日ごろからどのようなことを心がけて業務に取り組んでいるかだけでなく、親近感を感じてもらうために趣味などの簡単な自己紹介をしているスタッフ紹介ページがあります。また、士業などの資格が必要な業界では取得した資格名や学歴、経歴なども掲載すると信頼性が高まります。

スタッフ紹介

福本　陽志　2005年入社

好きなアーティストは？　：ミスターチルドレン
趣味は？　　　　　　　　：子供の写真撮影
好きな映画は？　　　　　：「ライフ　イズ　ビューティフル」
私の特徴を一言で！　　　：のんびり
自慢できることは？　　　：日本けん玉協会初段である事

窓口業務の前は7年間、のぼりやのれん、旗などの製造に携わっていました。その経験や知識を活かし、現場出身ならではのわかりやすい説明と迅速な対応で、お客様が安心してご注文できるようナビゲートさせていただきます。

辻本　光宏　2008年入社

好きなアーティストは？　：Beatles、Stone Temple Pilots、UNICORN
趣味は？　　　　　　　　：音楽鑑賞、絵を描く事
好きな映画は？　　　　　：「ドラムライン」「メメント」他
私の特徴を一言で！　　　：温厚なロックマン（笑）
自慢できることは？　　　：3年間通勤

お客様のイメージや夢をカタチにするため、毎日頑張っております！特に色や配色は重要な所なので、カラーコーディネーター1級をとりました！配色の事なら何でも聞いて下さい。

日高　里予　2019年入社

学生時代の部活は？　　　：ソフトテニス部
休日の過ごし方は？　　　：娘とサイクリング
好きな俳優は？　　　　　：曾田将暉
私の特徴を一言で！　　　：明るく元気
自慢できることは？　　　：甲子園でリリーフカーの運転をしていた事

お客様のご希望に添えるよう、日々勉強しております。お気軽にご相談ください、明るく電話対応します。

岸岡　拓　2021年入社

好きなアーティストは？　：Novelbright／平井大
学生時代の部活は？　　　：野球（中・高）／アメフト（大学）
好きな映画は？　　　　　：「インフェルノ」
自慢できることは？　　　：新しい場所への適応能力
私の特徴を一言で！　　　：熱しやすく冷めやすい

ブライダル業界を経て、ハクロマーク製作所に入社。電話・注文窓口からデザイナー、製造・出荷と多くの人が関わり、イメージを形にしていくことは共通する部分であり、大きな魅力です。お客様からのバトンを繋げられるよう、丁寧にヒアリングいたします。

2-26 ◆著者プロフィール

　ブログや、基礎知識、コラムなどの無料お役立ちページには、コンテンツの信頼性を高めるために記事の冒頭にコンテンツの著者の肩書と氏名を記載し、氏名の部分をクリックすると著者プロフィールページに飛ぶようにリンクを張っているサイトが増えています。著者プロフィールページには著者の経歴や学歴などを掲載します。

● 無料お役立ちページの冒頭の著者情報の例

Blue Earth 21都立大
ようこそダイビングスクール ブルーアース21都立大へ

お問い合わせ　ライセンス取得に関するお問い合わせは
0120-89-3373

HOME ☰

最終更新日：2022年4月1日
著者：NAUIダイビングインストラクター 赤木 和義

【新着2022】必ず知っておきたいダイビングライセンス取得方法（Cカード）！8つのポイント集まとめ!

「憧れの趣味」として常に上位にランクインする「スキューバダイビング」。ダイビングの醍醐味は何と言っても他では得られない非日～どこまでも透き通る青い海や美し～たり、沈船や謎に包まれる海底遺跡～など、語ればキリがないほどです。

● リンクされている著者情報ページ

著者：赤木和義　ダイビングスクール ブルーアース21都立大 取締役
1979年生まれ 福岡県出身
18歳でダイビングライセンスを取得。

大学在学中はマレーシアでの「マレー半島のサンゴ生育状況の研究」に帯同し、自身も「サンゴ礁域における人工魚礁と魚類の関係」の研究を行う。

大学卒業後の2002年から「ダイビングスクール ブルーアース21都立大」にインストラクターとして登録。初心者向けの講習会を多く担当し、2019年までで初級、中級ライセンスの発行人数は1000名以上。 NAUIダイビングインストラクター。NAUI-#38890

2-27 ◆FAQ

　FAQとは、「Frequently Asked Questions」の略で、「頻繁に聞かれる質問」の意味です。一般的には「よくいただくご質問」「よく聞かれる質問」といわれるページです。ここにはユーザーからよく聞かれる質問、特にサイト上での取引に関する質問、支払や返金に関する質問などをカテゴリごとに分けて掲載します。このページを設置することによりサポート電話への問い合わせ件数を減らすことができるため、サポート部門の負荷を軽減することが可能になります。また、疑問が解消されないとユーザーはサイトを離脱して二度と戻ってこないことがあるため、適切な内容のFAQページを設置するとサイト上での成約率の向上が目指せます。

●FAQページ

| 当事務所についてのご質問 |
| Q 交通事故は詳しいですか？ ＋ |
| 電話受付についてのご質問 |
| Q 新規相談の申込はどうすればよいですか？ ＋ |
| Q 電話受付後の折り返しの電話はいつごろありますか？ ＋ |
| Q なぜ相手の名前を伝えないといけないのですか？ － |

2-28 ◆Q&A

　Q&A（キューアンドエー/キューエー）とは「Question and Answer」の略で、「質問と答え」「質疑応答」を意味します。FAQとは違い、取引上の質問以外のそのサイトが取り扱っている専門分野に関する幅広い質問と回答を掲載します。Q&Aページをサイト内に設置することにより、ユーザーのサイト運営者に対する信頼性を高めることが目指せます。

また、検索エンジンで検索にかかりやすいページになることも多く、サイトのアクセス数を増やすことも目指せます。

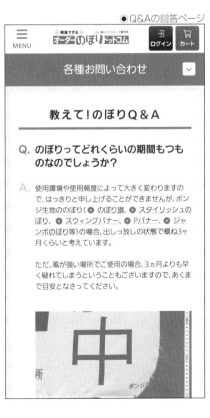

●Q&Aの一覧ページ

●Q&Aの回答ページ

2-29 ◆ サポートページ・ヘルプページ・ 商品活用ガイドページ

　FAQページと同様にサイト内にサポートページ、ヘルプページ、または商品活用ガイドページを設置するとサポート部門の負荷軽減、サイトの離脱率を下げること、サイト上での成約率を向上させることが目指せます。

●サポートページの例

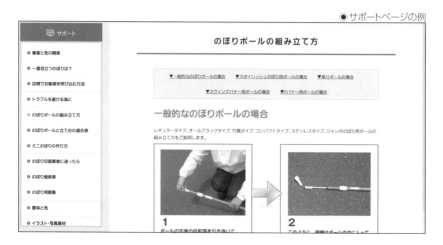

2-30 ◆ サービスの流れ

　サービス業の中には、ユーザーが申し込みをしてからサービスの提供が完了するまでのイメージが湧きにくいものがあります。そうした業種のサイトからの離脱、失注を防止するためにサービスの流れを説明するサイトが多数あります。

お申込みの流れについて

ご利用開始について

電話代行サービスのお申込みから、ご利用開始までの流れを説明致します。

弊社ではサービスのお申込みから?サービスの開始?お支払いまでの流れが簡単な5ステップとなっております。

また下記ではお申込みに必要な書類についても記載しております。書類につきましては、法人のお客様のケース、個人事業主様のケースでは必要書類が違ってきますので、お間違いのないようご確認お願い致します。

| 当日 お申込み | 当日 打合せ | 翌日9時 ご利用開始 | 月末 ご請求発行 | 翌月10日 お支払い |

1. お申込みについて　　　お申し込み後、弊社からご連絡させていただきます

▼

2. お打合せについて　　　貴社の秘書や社員として質の高い電話応対をさせていただくために、事業内容、応対方法等をしっかりヒアリングし

2-31 ◆ お客様の声

　満足していただいたお客様の声を載せるページを作り、そこには商品・サービスに関する感想を載せると、購入を検討しているユーザーの意思決定を後押しすることが期待できます。顧客の写真や実名、利用年月日や購入した商品やサービスの写真などを載せることができれば信憑性が高まります。

早いもので御社とご縁を頂いてから３年が経ちました。最初は秘書代行で本当に任せられるのか不安がありました。

東京都
（株）レザレクション
滝井耕平 様

評判・口コミを頂いたお客様のHP
www.duskin-karasuyama.jp

いつも大変お世話になります。早いもので御社とご縁を頂いてから３年が経ちました。私自身４０歳で独立して、いわゆるヒト・モノ・カネ、そしてお客様も全くない（笑）

たった一人で営業・現場施工・経理その他をこなさなければならず、満足に時間もとれない中で、御社の電話秘書代行サービスと出会ったのは、大変幸運でした。新規のお客様と一番最初にコンタクトをとるのが電話ですから、最初は秘書代行で本当に任せられるのか、不安がありました。

しかしお願いして半年も経たないうちにお客様から『おたくの女性はとても丁寧で感じがいいね。』と、時折お褒めの言葉を頂くほどで、安心してお任せしています。だいたい３人程の方にご担当して頂いていますが、私も今では電話に出て頂いた方の声の感じで『あっ、今のはあのかわいい人だな』と勝手にイメージをして区別できるようになりました（笑）

現在はスタッフも増え、徐々にお店の規模も大きくしていくつもりですが、御社とは末永くお付き合いをさせて頂きたいと思っています。

第4章
ウェブページの仕組み

2-32 ◆ お客様インタビュー

　お客様の声をさらに掘り下げて、自社商品・サービスを知るきっかけや、当時抱えていた課題、商品・サービスを利用したことによりどのような成果が出たのかなどを取材するお客様インタビューをいくつも掲載しているサイトがあります。自社の商品・サービスを特に気に入ってくれて協力してくれそうな顧客に思い切って取材協力の依頼をすると協力してくれることがあります。協力者が増えない場合は一定の割引や謝礼を渡すなどの工夫をするとお客様インタビューの掲載件数を増やすことが可能です。

【店主・小畑】
Q.次回も機会があれば、京都・木想商家（株）丸嘉でお願いしたいと思いますか？

【渡辺様】
A. はい！もちろんです。
母の実家の京町家を今、ゲストハウスとして使っていますので、いずれリノベーションする際は是非、ご相談させてください。
町家の中に希少なラセン階段があるお家なんです。
新型コロナウイルス蔓延によってお家での暮らしや家族との時間が大切になったと思うんです。
そういう意味ではとても満足のいく理想のお家になりました。
丸嘉さんが無垢フローリングや羽目板だけでなく、古材や古建具、そして一枚板も扱われている現代の総合的な魅せる木材の会社であったことも今回お願いした理由です、これからもよろしくお願いします。
色々とお世話になりました！

2-33 ◆ フォーム

　サイト上でユーザーが求める情報を提供することにより、サイトを見たユーザーが何らかのアクションを起こす確率が増します。ユーザーがサイト上で起こすアクションは、電話での問い合わせと申し込み以外には、サイト上に設置したフォームページへ必要事項を記入してその情報を送信するというものがあります。

2-33-1 ◆ お問い合わせフォーム

　サイトを見たユーザーが疑問に思うことを記入するフォームです。ほとんどのウェブサイトに組み込まれている必須ページです。フォームに記入されたユーザーの氏名や、連絡先、メールアドレス、質問事項などの情報は送信ボタンを押すとサイト運営者に送信されます。

　送信するとすぐにユーザー宛てに情報をサイト運営者が受信した旨を自動メールでお知らせするとユーザーは安心します。返事は即日から1営業日、遅くとも2営業日以内にしないとユーザーの不満が募ることになります。返事は早めに出す必要があります。

　また、近年ではスマートフォンの普及によりLINEで気軽に問い合わせをしたいユーザーが増加しています。そうしたニーズに応えるためにLINE公式アカウントを開設して問い合わせや相談、予約をLINEで受け付けるサイトが増えています。

●お問い合わせフォームページの例

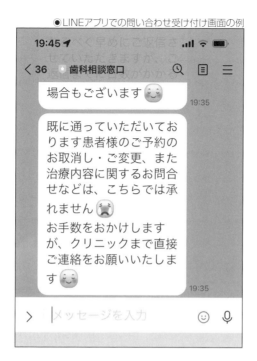
●LINEアプリでの問い合わせ受け付け画面の例

2-33-2 ◆ 無料相談フォーム

ユーザーが気軽に現在の状況を伝えて、その道のプロに相談するためのフォームです。無料相談フォームは特に士業やコンサルティング会社など、通常相談料金がかかる業界で設置すると有効です。しかし、込み入った相談や具体的な解決方法は実際にユーザーと面会をして有料で実施しないとサイト上で売り上げを増やすことが困難になります。

そのため、全体的なサービスの流れに関する相談やユーザーが抱える問題を解決できそうかを見極めるための相談は無料相談で、それ以上の込み入った相談や具体的な解決方法は有料相談という棲み分けを相談内容によって仕分けているサイトが多数あります。

無料相談を申し込んでくれるユーザーをがっかりさせないために、無料相談フォームにはどこまでが無料で、どこからが有料になるかを明確に記載したほうがよいです。

下記のフォームにご相談内容と連絡先をご入力の上、
「確認する」ボタンを押してください。

どのようなご相談ですか?

ご相談の種類　　　　　　　　　必須

□ スケルトンリフォーム

□ 耐震リフォーム

□ 水まわりリフォーム

□ その他のリフォーム

建物の種類　　　　　　　　　　必須

○ 木造住宅

○ 鉄骨・RC造住宅

○ その他

※申し訳ありませんが、2×4(ツーバイフォー)住宅のリ
フォームは承りかねます。

2-33-3 ◆ 見積もり依頼フォーム

　依頼された仕事の規模や施工場所、時期などによって料金が大きく変
化する商材を販売するサイトでは、いきなりユーザーが商品・サービスを申
し込みするのではなく、いったん見積もり依頼をして、その後のやり取りを重
ねて最終的な受注になることが多々あります。そうした業界のサイトには必
ず設置すべきフォームです。

●見積もり依頼フォームの例

芝の種類

選択してください ˅

芝の形状
○ 普通（37.1cm×30cm）9枚1㎡
○ ロール2枚（37.1cm×135cm）2枚1㎡

数量（㎡）*

納品場所*

_____

工事を希望される場合

工事名

工事場所住所

工事場所
法面（㎡）

平面（㎡）

2-33-4 ◆ 資料請求フォーム

　いきなりユーザーが商品・サービスを申し込むのが難しい高額な教育サービスや設備の販売、建築サービスを提供する業界では、事前に紙の資料を請求することが慣習化されています。そうした業界の場合は、見込み客が知りたそうな情報を事前に何ページかの紙の資料に掲載して準備をします。そして資料請求が来たら迅速に郵送し、その後、フォローアップの電話かメールを出すことが受注率を高めることになります。

　しかし、近年では、紙の資料だけでなく、その資料のデータをPDF形式で出力して、急いでいる見込み客が資料請求と同時にダウンロードできるようにすることが効果的になってきています。

第4章
ウェブページの仕組み

2-33-5 ◆ 予約フォーム

　病院、クリニック、整体、整骨院、エステサロン、習い事、会場を貸し出す業界、観光業界などのサイトでは、ユーザーが即時に予約フォームにサービスを受ける希望日時などの詳細を記入して送信するようになってきています。単なるフォームではなく、予約ができる日時をデータベースを参照し自動的に表示すると利便性が増して、機会損失を避けることが可能になります。

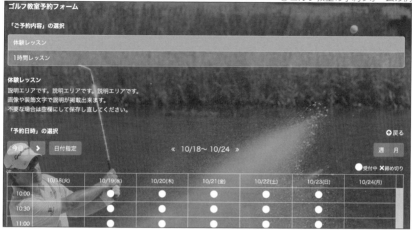

●ゴルフ教室の予約フォームの例

2-33-6 ◆ 商品・サービスお申し込みフォーム

商品・サービスの種類が少ないサイトでは、サイト上にお申し込みフォームを設置しているところが多数あります。

●顧問契約サービスのお申し込みページの例

顧問契約サービス	
	顧問契約サービス料金
従業員数3名様までの企業様・個人様	○ 48,000円/月(税別)
従業員数4名様以上の企業様	○ 55,000円/月(税別)
従業員数20名様以上の企業様	○ 95,000円/月(税別)
上場企業様	○ 200,000円/月(税別)

必須	貴社名	
必須	ご氏名	
必須	メールアドレス	
必須	確認のためもう一度	
	電話番号	
	郵便番号	郵便番号を調べる

第4章
ウェブページの仕組み

2 ■ ウェブページの種類　　213

2-34 ◆ 買い物かご

　商品・サービスの種類が多数あるサイトではお申し込みフォームだけでは
すべての受注を処理することが困難です。理由は、商品・サービスごとに
選択すべき選択肢が異なっていることや、記入すべき項目が異なっている
からです。

　そのようなサイトでは買い物かご（ショッピングカート）システムを設置して受
注をします。

●商品を買い物かごに入れた後のショッピングカートの例

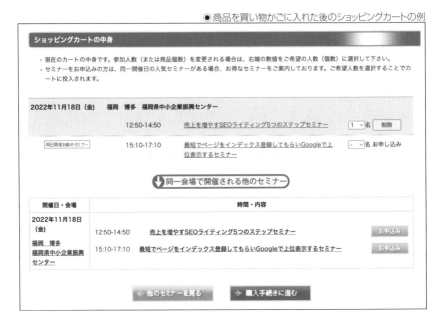

2-35 ◆ ユーザーログインページ

　ユーザーが初めてサイト上で商品・サービスの申し込みするときに、ユー
ザー登録すると、次の商品・サービスを申し込むときに氏名や連絡先、住
所などの個人情報を入力する手間を省くことができます。

　ユーザーはユーザーログインページにユーザーが登録したユーザーID
（多くの場合メールアドレス）とパスワードを入力すればログインができるとい
う仕組みです。

　ユーザー登録するメリットとしては、過去の購入履歴が閲覧できることや、請求書や領収書をログイン後の画面で好きなときに閲覧し、印刷やPDFファイルとして出力できるというものもあります。

　サイト運営者側のメリットとしては、登録されたメールアドレスに向けてメールマガジンなどの販促メールを送信することが可能になることです。ただし、すべてのユーザーが最初からユーザー登録をしてくれるわけではないので、ユーザー登録のメリットをわかりやすく説明し、ユーザー登録を促す必要があることも忘れてはなりません。また、ユーザーの大切な個人情報を運営者側が預かることになるので、サーバーのセキュリティへの配慮が必要となることを留意する必要があります。

　しかし、そこまでしてもユーザー登録をしたくないユーザーもいます。理由は、ユーザー登録をするときにパスワードを考えるのが面倒であるというものから、ユーザー登録をすると必ずDMが送られてくるはずなので、それは避けたいという気持ちを抱くからだと思われます。

　そうしたユーザーには「ユーザー登録をしないで申し込む」という選択肢を提供して、ゲストとして単発で申し込みができるようすれば、ユーザー登録したくないユーザーのニーズを満たすことが可能になり、トータルでの申し込み件数を増やすことが目指せます。

2-36 ◆ マイページ

　ユーザーログインページにユーザーIDとパスワードを入力して送信ボタンを押すと表示されるページがマイページです。マイページ上にはそのユーザーの過去の購入履歴や、ユーザー情報が変更できる編集画面へのリンク、退会したくなったときのための退会依頼ページへのリンクなどを設置するとサポート窓口の負担が減り効率的な運営が目指せます。

◉マイページのログイン画面の例

	年月日	セミナー名（商品名）	日程／会場	数量	小計	領収金額
	2021-09-04	『最新コアアップデート6月・7月連続実施！徹底対策』セミナー		1	8000	
	2021-09-04			1		8000
	2019-12-18	難関キーワード上位表示の決め手になる被リンク獲得テクニックセミナー		1	8000	
	2019-12-18			1		8000
	2019-07-18	整体・治療院・整骨院サイトのための検索順位復旧対策セミナー		1	8000	

HOME → マイページ → 購入履歴　　→ カートを見る → マイページ

鈴木　将司さん、こんにちは。　ログアウト

購入履歴

⌂ マイページトップ
🏷 受講セミナー一覧
🏷 購入ビデオ一覧
📦 購入履歴
✎ ユーザ情報

2-37 ◆ 個人向けページ・法人向けページ

　サイト上で、一般消費者向けだけでなく、法人にも商品・サービスを案内、販売する場合は、それぞれを個人様、法人様と呼び、個人向けページ、法人向けページを設置するサイトがあります。

　そして、個人様向けページからリンクするページは他の個人向けのコンテンツがあるページだけにリンクを張り、法人向けページからは法人向けのコンテンツのあるページだけにリンクを張ることによりそれぞれのユーザー層がサイト内で迷子になることを防ぐことを目指せます。

●個人向けページの例

●法人向けページの例

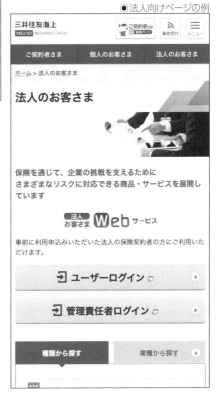

2-38 ◆取引先向けページ

　卸売業や、法人向け商材のサイトには、部品や資材を納品する取引先専用のページを設けているサイトがあります。パートナー企業様専用ページとも呼ばれています。誰でも閲覧できるページだけでなく、ログインすると取引先（パートナー企業）だけが見られるページがあるサイトも多数あります。そこには消費者には知られたくない価格情報などの取引先専用コンテンツが閲覧できるようにすれば企業秘密を守ることが可能になります。

●取引先向けページの例

2-39 ◆IR情報ページ

　上場企業のサイトには必ずといってよいほど見かけるページです。IRとはInvestor Relationsの略で、企業が投資家に向けて経営状況や財務状況、業績動向に関する情報を発信する活動のことです。株主や、国内外の投資家だけでなく、顧客や地域社会などに対して、経営方針や活動成果を伝えることも目的になっています。

2-40 ◆ 求人案内

　求職者のための求人案内をするページです。企業のウェブサイトは売り上げを増やすだけでなく、そこで働く貴重な人材を募集することもできるものです。

　募集要項や求職者向けの代表挨拶、社員紹介インタビューなどを掲載しているサイトが多数あります。求職者向けの情報を幅広く掲載することにより、ミスマッチを減らすことが目指せます。ミスマッチとは企業側と求職者側の組み合わせにおいて認識のズレが起きることを指し、仕事内容や、雇用条件、企業文化などが企業の実態と求職者の要望とが合っていない状態をいいます。

●求人案内ページの例

第4章 ウェブページの仕組み

2-41 ◆ アクセスマップ

　店舗や各種事業所までの道順や周辺の地図を掲載するページです。見込み客や取引先、求職者が実際に使う重要なページであるため情報の正確性、最新性が求められるページです。近年ではGoogleマップのソースを記述してインタラクティブな地図を掲載することが一般的になっています。

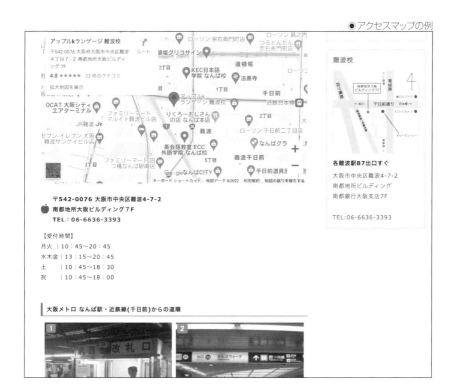

2-42 ◆ 店舗紹介・施設紹介

　店内、事業所内を主に写真で紹介するページです。病院、クリニック、整体、整骨院、エステサロン、習い事、会場を貸し出す業界、観光業界などの来店型ビジネスのサイトでは来店時のイメージをユーザーに抱いてもらうための重要なページです。

　写真撮影が上手な担当者に撮影してもらうかプロのカメラマンに撮影してもらいユーザーによいインパクトを与えるよう心がけるべきです。写真の周囲にはその写真の簡単な説明をキャプションとして載せ、自社の店舗、事業所の特徴をアピールするとよいでしょう。

待合室

キッズスペース
診療前後の待ち時間やご両親・ご兄弟の診療中などにご利用いただけます。

診療室

2-43 ◆ 店舗一覧・営業拠点紹介・生産拠点紹介

　企業としての信用性を高めるために、自社がこれまで開業、設置してきた営業拠点、生産拠点をリストアップしているサイトが多数あります。これらは実際に消費者、取引先、投資家、マスコミなどが閲覧する重要なページなので正確で最新の情報を掲載するよう心がけなくてはなりません。

●製造業の企業サイト内にある生産拠点紹介ページの例

生産拠点

産業機械事業本部

【長野製作所】　◉ MAP
〒399-4601 長野県上伊那郡箕輪町大字中箕輪14017-11
Phone : 0265-79-8888 / Fax : 0265-79-8881

【桑名製作所】　◉ MAP
〒511-8678 三重県桑名市大字東方字土島2454番地
Phone : 0594-24-1812 / Fax : 0594-24-1873

【金剛製作所】　◉ MAP
〒586-0000 大阪府河内長野市大字高田町1丁目2番12号

2-44 ◆ フロアガイド

　比較的大規模な商業施設や貸しビル、駅前の商業施設などが来館者のために各フロアにどのような店舗や事務所、施設があるかを紹介するページです。テナントの集客を助けるためにテナント企業のウェブサイトに外部リンクを張っているページも多数あります。

●フロアガイドの例

●テナントの情報

2-45 ◆ プライバシーポリシー

　プライバシーポリシーとは、ウェブサイトにおいて、収集した個人情報をどう扱うのかなどを、サイトの管理者が定めた規範のことです。個人情報保護方針とも呼ばれます。プライバシーポリシーは、利用規約の一部として記載している場合もあります。

　プライバシーポリシーでは特に次の2つの点をしっかりと記載する必要があります。

- ユーザーがページを閲覧しているときにアクセス解析ソフトなどのマーケティングツールでどのような情報を取得しているのか。
- ユーザーがフォームに入力したメールアドレスに向けて今後どのような情報を配信するのか。

　これらをしっかりと記載することにより、ユーザーとのトラブルを未然に防止することが可能になります。

　ユーザーが個人情報を入力するフォームページからプライバシーポリシーページへリンクを張ることにより、ユーザーに安心感を与えフォームの記入率を高めることが期待できます。

●プライバシーポリシーページの例

2-46 ◆ サイト利用規約

　サイト利用規約とは、サイトの利用条件やそのサイトを通しての取引や
サービスに関する利用条件や取引条件を示すためのものです。禁止事項、
著作権などの権利、免責事項、プライバシーポリシー、推奨環境、リンクに
ついてなどの細かな利用条件を提示します。

　サイト利用規約ページがないサイトでは、別に免責事項、リンクポリシー、
プライバシーポリシーなどのページを持つこともあります。

●サイト利用規約の例

サイト利用規約

HOME > サイト利用規約

サイト利用規約について

当Webサイトは、株式会社サンブリッジおよびその
グループ企業の活動をご理解いただくための情報提
供を目的としたものです。当Webサイトをご利用の
際には、下記の利用規定等を必ずお読みください。
当Webサイトに含まれるコンテンツや情報を閲覧・
使用・ダウンロードされた場合には、以下の記載事
項・条件に同意されたこととさせていただきます。
なお、当Webサイトのコンテンツや情報、URLは、
予告なしに変更又は廃止される場合があります。あ
らかじめご了承ください。

著作権

特に注意書きが無い限り、当サイトに記載される情
報の著作権は株式会社サンブリッジおよびそのグ
ループ企業（以下「当社グループ」と記します）に
あり、著作権法を含む各種の法律によって保護され
ています。これらは私的使用や引用など、著作権法

2-47 ◆ 社会貢献活動

　社会貢献とは、個人や企業、団体がよりよい社会を作るために行動することを指します。その活動は、資源の節約といった環境保護活動、支援が必要な子供たちへの慈善活動、介護・介助が必要なお年寄り、自然災害による被災地への支援、保護すべき動物たちへの支援、その他ボランティア活動などがあります。

　企業としてどのような社会貢献活動をしているかを公表することにより、見込み客や求職者によりよい企業イメージを持ってもらうことが期待できます。ページには言葉だけではなく、実際の活動中の写真や、具体的な活動場所、年月日、表彰歴などの詳細を載せることにより説得力が増します。

●社会貢献活動の例

2-48 ◆ サステナビリティ

　サステナビリティとは、広く環境・社会・経済の3つの観点からこの世の中を持続可能にしていくという考え方のことをいいます。その中でも特に、企業が事業活動を通じて環境・社会・経済に与える影響を考慮し、長期的な企業戦略を立てていく取り組みは、コーポレート・サステナビリティと呼ばれています。

　比較的規模が大きい企業や、環境への取り組みを通じてブランディングを目指す企業が持つ傾向があるページです。企業としてどのような形でサステナビリティに取り組むかを説明したページを作成するか、社会貢献活動ページの中に掲載する企業が多数あります。

●サステナビリティの例

2-49 ◆ アクセシビリティ

　アクセシビリティとは、近づきやすさ、利用しやすさ、などの意味を持つ英単語で、IT分野では、機器やソフトウェア、システム、情報、サービスなどが身体の状態や能力の違いによらず、さまざまな人から同じように利用できる状態やその度合いのことをいいます。

　アクセシビリティのページには、サイトを訪問したユーザーに文字サイズの変更、配色、キーボードやマウスでの操作性、サイトのナビゲーションなどへの配慮や、対応OS、対応ブラウザなどについて述べているサイトが多数あります。

●アクセシビリティの例

2-50 ◆ リンク集

　サイト訪問者が他に見たそうなサイトにリンクを張り紹介するページです。サイト名とURLだけではなく、紹介先のサイトのどのような点がよいのかを自分の言葉で書くとユーザーにとって便利な情報になります。そのため、サイト訪問者のサイトへの満足度が高くなるためウェブが始まった当時はたくさんのサイトにリンク集がありました。

　しかし、今日ではキーワードごとに瞬時にリンク集を生成するGoogleなどの検索エンジンが普及したためか、リンク集を持つサイトは減少傾向にあります。だからこそ、リンク集を設置する際には検索エンジンが自動生成する紹介文とは違う、サイト運営者による独自の紹介文を載せることに価値が生じるようになりました。

●リンク集ページの例

2-51 ◆ リンクポリシー

　リンクポリシーとはサイト運営者がサイトにリンクを張ってもらうときにどのような形でリンクを張ってほしいのか、リンク先ページの指定、リンクの文言などの規約を掲載するページのことをいいます。他にも、リンクを張るときは事前に連絡をすることを要求するものや、公序良俗に反するサイトの場合はお断りをするなどという条件を記載するものが多数あります。

　しかし、リンクを張るかどうかという点に対しては法的には、他人のサイトにリンクを張ることは、リンク先のサイト運営者からリンクを張る許可を得ていなくとも原則として著作権侵害にはあたりません。理由は、リンクを張る行為は、他人のウェブページの文章や画像などの複製（コピー）ではなく、単にウェブページのURLを記載するに過ぎないからです。

　ただし、ウェブページの中にフレーム内表示という形で他人のウェブページを表示することは自分のウェブページの一部として表示できるため複製となります。無断の複製は著作権侵害となり得るので事前にリンク先サイトの運営者から許可を得る必要があります。

●リンクポリシーページの例

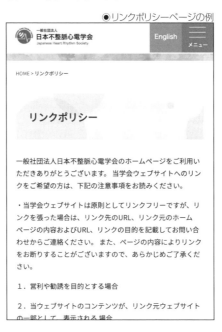

2-52 ◆ サイトマップ

　サイトマップとはユーザーが探しているページがすぐに見つかるようにするためのサイト内リンク集のことをいいます。

●サイトマップページの例

ホーム > サイトマップ

サイトマップ

トップページ
新着情報
国会関連情報
> 国会へのサービス
> 調査及び立法考査局の刊行物（近刊）
> 調査及び立法考査局刊行物一分野・国・地域別一覧
> 科学技術に関する調査プロジェクト
> 国会会議録・法令索引
> 立法情報リンク集
資料・情報の利用
> 所蔵資料
> レファレンス・資料案内
> Webサービス一覧

書誌データの作成および提供
> 書誌データに関するお知らせ
> 書誌データの基本方針と書誌調整
> 日本目録規則2018年版（NCR2018）について
> 書誌データ作成ツール
> 雑誌記事索引について
> 書誌データの提供
> 書誌データQ&A
> ISSN日本センター
国際協力活動
> 国際協力関係ニュース
> 資料の国際交換
> 各国図書館との交流

　大規模なサイトにはたくさんのウェブページがあるために、ユーザーが探しているウェブページが見つからないことが多々あります。そうしたケースが増えるとユーザーがサイトから離脱してしまい成約率が下がるという事態を招くことになります。

　こうした事態を防ぐための配慮として今日では多くのサイトがサイトマップページを持つようになりました。そして、サイトマップページ自体にどのページからもアクセスができるように、ほとんどのウェブサイトはすべてのページのヘッダーか、フッターのメニューから下図のようにサイトマップページにリンクを張り、迷子になったユーザーに見てもらえるように配慮しています。

●サイトマップページへのリンク例

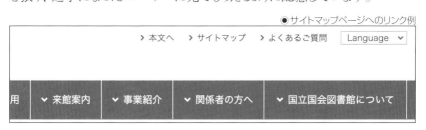

> 本文へ　> サイトマップ　> よくあるご質問　Language ∨

用　∨ 来館案内　∨ 事業紹介　∨ 関係者の方へ　∨ 国立国会図書館について

なお、サイトマップのもう1つの意味としては、ウェブサイトのページの一覧をXMLという文書形式で作成し、検索エンジンがウェブページの情報を収集する手助けをするファイルというものがあります。

◉サイトマップファイルに記述されたソースコードの例

```xml
<?xml version="1.0" encoding="UTF-8"?>
<urlset xmlns="http://www.sitemaps.org/schemas/sitemap/0.9">
  <url>
    <loc>http://www.example.com/</loc>
    <lastmod>2018-06-04</lastmod>
  </url>
</urlset>
```

2-53 ◆ 多言語対応ページ

ウェブは国内だけのものではなく、世界中の人々がアクセスできるグローバルな情報メディアです。そのため、多くの企業が英語版のウェブページやその他の言語に翻訳したウェブページ、または特定の国のユーザーのために作成したウェブページを作成し情報発信をしています。

予算の都合上全ページを翻訳して完璧な多言語対応サイトを作ることが困難な場合は、最初は1ページだけ多言語対応ページを作り、そこに企業の事業内容や会社案内、連絡先などの基本的な情報を載せるだけでも一定の効果が期待できます。

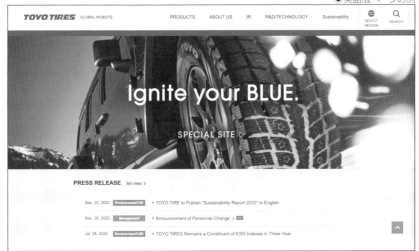

このようにサイト運営者の目的に応じてさまざまな種類のウェブページが
サイトに追加されていきます。その時々のビジネス上の目的を達成するため
にウェブサイトに新しいページを積極的に追加してウェブを使った集客活動
に取り組むことが求められます。

　また、ウェブが普及した現代では、企業のウェブサイトはそれを運営する
企業の写し鏡であるともいわれます。企業に興味を持った人が最初に見よ
うとするのがその企業のウェブサイトです。停滞したウェブサイトは停滞した
企業である印象を見込み客だけでなく、取引先、金融機関、求職者に与
えることにもなり企業に経済的なダメージを与えることにもなりかねません。

　いつも新鮮な情報と先進的なデザインのウェブサイトを維持することがす
べての企業にとって重要な課題となりました。

　次章では、そのウェブサイトを企業がどのように作成し、維持するのかを
解説します。

第 5 章

ウェブサイトの作成手段

　ウェブサイトを企業が作成するには複数の手段が
あります。その企業のウェブマーケティングの知識、
ウェブサイトの運営スキルの習得状況に応じて、適
宜に最適な手段を選択してウェブサイトを作成する
ことがウェブ集客の成功を確かなものにします。
　本章では、そのウェブサイトをどのような手段を
使えば作成することができるのか、その選択肢を解
説します。

ウェブサイトを持つ3つの手段

企業がウェブサイトを持つには次の3つの手段があります。

- ASPサービスを利用する
- オンラインショッピングモールに出店する
- サイトを自作する

 ## ASPサービスを利用する

　ASPサービスとは、インターネットを通じて遠隔からソフトウェア、ツールをユーザーが利用することを可能にするサービスのことです。そのようなサービスの提供者のことをASP（Application Service Provider）といいます。なお、ASPには第1章で紹介したアフィリエイトサービスプロバイダー（Affiliate Service Provider）という意味もあるので、ASPにはまったく異なった2つの意味があることを覚えましょう。

◉ASPサービス

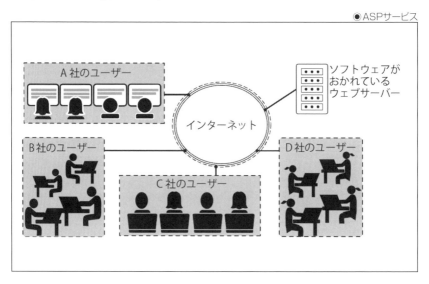

近年のインターネット回線の高速化やウェブブラウザの進化により、ASP
サービスは個人向け・企業向けにさまざまなサービスを提供するようになりま
した。

個人向けではGmailやYahoo!メールなどのウェブメール、OneDriveや
iCloudなどのオンラインストレージ(クラウド上にファイルを保存するサービス)
もASPサービスの一種だといえます。

企業向けでは、財務会計、給与計算、販売管理、在庫管理、人事管理、
グループウェア、ビジネスチャットツールなど、幅広い分野でASPサービスが
利用されています。ASPサービスの代表的な例としては会計ソフトのfreee
会計、ビジネスチャットツールのChatworkなどがあります。

その中でも近年では、企業が大きな設備投資をしなくてもウェブサイトを
作成し運営できるホームページ作成サービスと呼ばれるASPサービスが多
くの企業に利用されるようになりました。

2-1 ◆ ホームページ作成サービス

ASPサービスとして提供されるホームページ作成サービスは毎月一定の
利用料金を支払うことにより、ユーザーのパソコンではなく、サービス提供者
のサーバーに設置されたソフトウェアの管理画面でウェブページを作成、編
集できます。

ウェブサイトのデザインはいくつものテンプレート(ひな形)が事前に用意さ
れており、気に入ったデザインを自由に選び、いつでも変更できるものです。

国内で利用者が多い有名なホームページ作成サービスには下表のような
ものがあります。

●ホームページ作成サービス

サービス	URL
Wix	https://ja.wix.com/
Jimdo	https://www.jimdo.com/jp/
Shopify	https://www.shopify.com/jp
BASE	https://thebase.in/
カラーミーショップ	https://shop-pro.jp/
あきばれホームページ	https://www.akibare-hp.jp/
Digital Lead Powered by Wix	https://www.ntttp-dlead.com/
ferret One	https://ferret-one.com/
BiNDup	https://bindup.jp/

月額利用料金は、数千円から10万円前後の範囲にわたり、利用できる機能や運用コンサルタントによるサポートの有無によって金額が変わります。サポートサービスは、ウェブサイトの設定や更新の方法を教えるものから、アクセス解析ツールなどのデータに基づいてSEOや成約率向上のアドバイスをするものまであります。無料お試しプランや、無料でずっと使えるプランもあり、気軽に始めることができます。

こうしたASP型のホームページ作成サービスを使用すれば、ウェブ制作の知識が少なく、資金が少なくても短期間でウェブサイトの作成が可能になります。そのため、ウェブサイトを初めて持とうとする企業や、ウェブ制作、ウェブマーケティング担当の人材がいない企業にとって最適な選択肢であるといえます。

2-2 ◆ システムレンタル

ASP型のホームページ作成サービスはウェブサイト全体の作成以外に、ウェブサイトの部分的な機能だけをレンタルで提供するものがあります。

2-2-1 ◆ 予約システム

　病院、クリニック、整体院、教室、スポーツクラブ、飲食店、宿泊施設などの予約専用のシステムのレンタルサービスです。ユーザーが予約をする画面の他、企業専用の管理画面では予約状況の確認やユーザーへのお知らせメールの送信などができます。

●STORESの予約申し込み画面

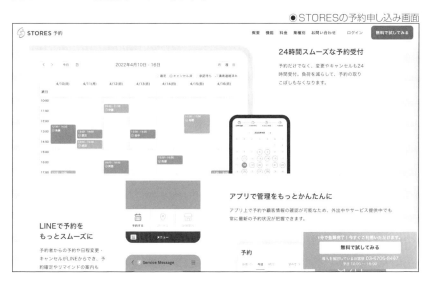

2-2-2 ◆ 決済システム

　決済システムとは、インターネット上で決済ができるシステムのことで、物販サイトで使われるオンライン決済システムだけでなく、飲食店、美容サロン、宿泊施設などの実店舗での代金支払いにも利用されるものです。

　初期費用の他に、月額費用、1回あたりの決済手数料などがかかりますが、クレジットカードや電子マネーなどをユーザーが利用できる利便性が評価され広く普及しています。

第5章

Google の 特徴

2-2-3 ◆ ショッピングカートシステム

　物販サイトのショッピングカート（買い物かご）の部分だけをレンタルする
サービスもあります。近年ではショッピングカート部分だけではなく、メールマ
ガジンの配信、ポイントシステム（商品の購入や実店舗、ショッピングサイトへ
の来店などに応じて、顧客に付与されるポイントを、適切に管理するための
システム）、受注管理機能、複数のオンラインショッピングモールとの在庫情
報の同期や在庫システムとの連動など料金に応じて便利な機能を提供す
るものもあります。

■「送料無料まであとわずか」・「割引まであといくら」表示で購入単価をアップ

お客様の購入金額で送料割引できる「高額購入送料割引」。

現在ショッピングカートに入っている商品の金額から自動計算して「あと5,000円で送料無料です」といった表示ができます。

ご購入いただく商品の合計金額に対して、一定の割引率を設定できる割引販売機能を利用すると、ショッピングカートで「現在の割引率は5%です」という表示ができます。

さらに割引が可能な場合には、『あと5,000円で割引率10%が適用されます。』といったメッセージを表示。

すでに「購入」する気持ちのお客様に、「ついで買い」「あわせ買い」を促進し、購入単価をアップできます。

▶ 割引販売

また、futureRecommend2のレコメンド機能によって「この商品を購入した人は、この商品も購入しています」といったよく合わせて購入される商品や、「売れ筋商品ランキング」「最近チェックした商品」などの商品を並べて表示することができます。

▶ レコメンド機能(futureRecommend2)

会員ログイン状態なら、お気に入りリストに入れた商品をショッピングカート画面に表示することもできます。

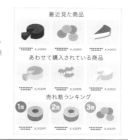

　このように月額費用を払うだけで気軽に利用ができるASPサービスですが、デメリットもあります。それは提供されている機能だけしか利用できないことです。自社サイトをよりよいものにするために機能の追加や変更をしたくてもできないところがほとんどです。できたとしても高額な費用が発生してしまうことや、機能の追加や改善の範囲が限定されてしまうことがほとんどです。

　しかしそれでも、予算や、知識、技術力がないステージにいる企業にとってはASPサービスの利用は最も現実的な選択肢だといえます。

3 オンラインショッピングモールに出店する

　物販事業をウェブ上で行おうとするときに、最も手軽にスタートする方法は、楽天市場やYahoo!ショッピングなどのオンラインショッピングモールに出店することです。オンラインショッピングモールを運営する企業は、物販サイト立ち上げに必要なものをほとんどすべて提供しています。

オンラインショッピングモールに出店する最大のメリットは、ショッピングカートなどの機能面だけでなく、オンラインショッピングモールという強大なマーケットに自社商品を出品できることです。そこに出品することにより自社商品が多くの見込み客の目に触れることが可能になります。

ウェブで商品・サービスを販売するにはウェブサイトとシステムを開発するだけでなく、サイトを開業した後の集客活動に力を入れる必要があります。ウェブサイトは作るまでが大変ですが、最も大変なのは作った後の集客活動です。競争がある市場環境の中では、サイトを作っただけでは売り上げは増えません。そのため、楽天市場やYahoo!ショッピングなどの巨大なオンラインショッピングモール内で自社の商品を露出できるというのは非常に大きなメリットになります。

しかし、オンラインショッピングモールに自社サイトを持つにはたくさんの費用がかかるため、利益を出すのは簡単なことではないのも事実です。

オンラインショッピングモールに出店することのメリットとデメリットは第1章ですでに解説しましたので、メリットとデメリットを十分考慮した上で判断をしましょう。

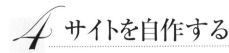 サイトを自作する

サイトを自作するには次の3つの方法があります。

4-1 ◆ テキストエディタを使ってコーディングをする

独自ドメインを取得してサイトを制作するための1つ目の方法は、HTML、CSS、JavaScriptなどのウェブページを作るスキルを学び、テキストエディタを使ってコーディング(ソースコードを記述すること)をするものです。

テキストエディタとは、文字や記号などのテキストで構成されているテキストファイルを編集するアプリのことです。Windowsにはメモ帳と呼ばれるベーシックな機能を持つアプリがあらかじめインストールされており、macOSにはテキストエディットというテキストエディタが付属しています。

しかし、これらのツールにはテキストを編集するための最低限の機能しかないため、高機能なテキストエディタを別途入手して、HTML、CSS、JavaScriptなどのファイルを作成することが慣例になっています。

代表的な高機能テキストエディタには次のようなものがあります。

- TeraPad（Windows版のみ）
- サクラエディタ（Windows版のみ）
- 秀丸エディタ（Windows版のみ）
- CotEditor（macOS版のみ）
- Visual Studio Code（Windows版、macOS版の両方）

これらは無料または非常に安い料金で利用することができます。

◉TeraPadの操作画面例

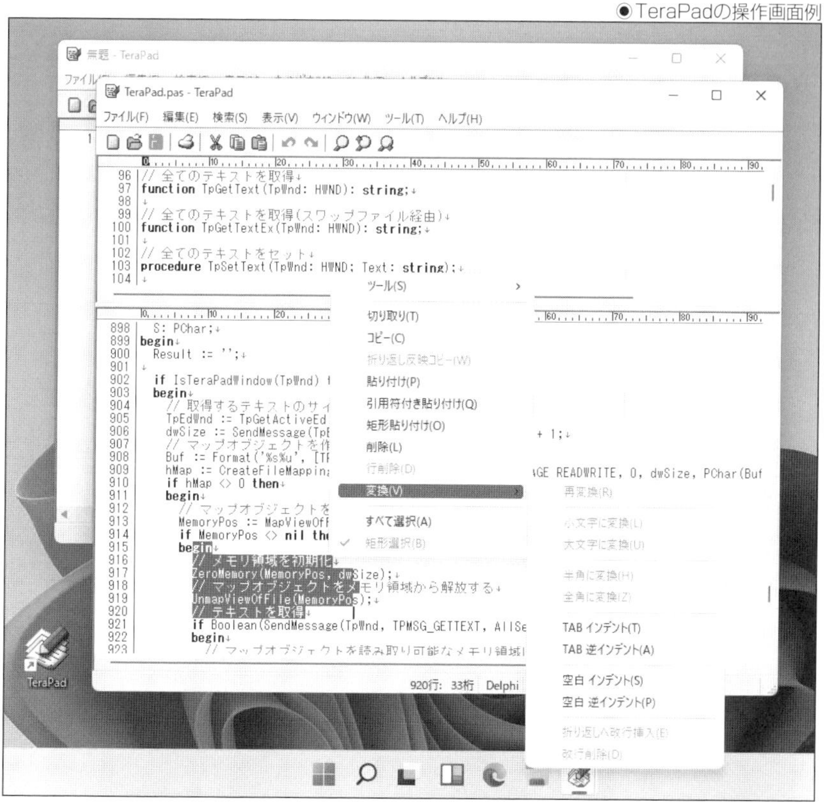

4-2 ◆ ホームページ制作ソフトを使う

　HTML、CSS、JavaScriptなどをテキストエディタを使ってコーディングするスキルがある人の数には限りがあり、そうしたスキルを持つ人材を採用するには一定の手間とコストがかかります。

　テキストエディタを使うにはHTMLのタグを覚える必要がありますが、ホームページ制作ソフトを使えばワードやパワーポイントを使う感覚でウェブページを作成することができます。

　ホームページ制作ソフトは通常、パソコンにインストールして使うパソコンソフトです。代表的なホームページ制作ソフトには次のようなものがあります。

- Adobe Dreamweaver
- ホームページ・ビルダー
- ホームページV4

　ホームページ・ビルダーやホームページV4は初心者向けのソフトで、Adobe Dreamweaverはより高度な機能を使うことができるウェブデザインのプロも使用する高機能のホームページ制作ソフトです。

●ホームページ・ビルダー

4-3 ◆ CMSを使う

　ウェブ制作スキルの高い人たちはテキストエディタを使い、それ以外の人たちはホームページ作成ソフトを使う時代が長く続きました。しかし、最近ではCMSを使ってウェブサイトを作ることが主流になりました。

　CMS（Content Management System：コンテンツマネジメントシステム）とは第1章でも説明したようにウェブサイトの管理画面にログインして、テキストを入力すればクリックひとつでウェブページを作成できるというブログ感覚で使えるコンテンツ管理システムのことです。

　CMSには自社独自で制作するオリジナルCMS、有料で販売されている有料CMSパッケージ、無料で利用できるオープンソースの3種類があります。

　これらのCMSを利用するには独自ドメインを購入して、独自で構築、またはレンタルしたサーバーにインストールをする必要があります。

　CMSを利用するには、事前にシステムファイルをサーバーにインストールするという設定の手間はかかりますが、ホームページ作成ツールやショッピングモールを使うのとは違い、システムファイルやデータは自社が所有することができます。

　有料のCMSパッケージは高額なものがほとんどですが、セキュリティ面や運用面でのサポートが充実しているため多くの大企業が利用しています。

　一方、無料で利用できるオープンソースのCMSではWordPressが最も普及しています。そのシェアは、世界のウェブサイト全体で43.3%、世界のCMS全体で65.1%です。世界的に見ると、WordPressのシェアが圧倒的に高い状況です。

- Usage statistics of content management systems
  URL https://w3techs.com/technologies/overview/
  　　　　　　　　　　　　　　content_management

4-4 ◆ WordPressのメリット・デメリット

WordPressはもともと個人の日記やニュースを配信するブログシステムとして生まれ普及しましたが、今日では企業が自社商品・サービスの見込み客を集客するためのウェブサイトとしても利用されています。

4-4-1 ◆ WordPressのメリット

WordPressが普及した理由としては次のような非常に多くのメリットがあるからです。

①インストールが簡単

ほとんどのレンタルサーバー会社では、管理画面上から「WordPressをインストールする」というリンクをクリックするだけで簡単にサーバー上にインストールすることができます。

●サーバーの管理画面上にあるWordPress簡単インストールの操作画面

②操作が簡単

本来、ウェブページを作成する場合、HTMLなどの最低限の専門的知識が必要です。

WordPressが、まったく専門的知識が不要というわけではありませんが、WordPressなしでサイトを制作するより遥かに簡単です。イメージとしては、マイクロソフトのWordに文章と画像を入力するようなものです。文字の色やサイズ、配置などもクリックひとつで変更できます。

●WordPressのウェブページ編集画面

また、WordPressはその管理画面にログインできれば、ネット環境がある場所であればどこでもウェブサイトの更新や記事の投稿ができます。しかも、パソコンだけでなく、タブレットでも、スマートフォンでも作業ができます。

③テーマを変更することにより、デザインのリニューアルができる

記事の投稿だけではなく、ウェブサイト自体のデザインのアレンジ性も高いです。

「テーマ」と呼ばれるウェブサイトのデザインをパッケージ化したものが、無料のものから有料のものまで豊富に存在します。その中から自分の気に入った「テーマ」をインストールするだけで、サイト全体のデザインを即時に変更することができます。

HTMLに詳しければ、自由にサイトのデザインを構築できますが、初心者には難しいため、「テーマ」は非常に便利な機能です。

●WordPressのテーマ追加画面

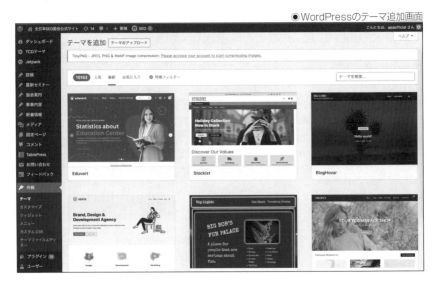

④プラグインを使うことにより、たくさんの機能を追加できる

　WordPress自体は、もともとブログの投稿はできますが、それ以外の機能は備わっていません。

　追加したい機能は「プラグイン」と呼ばれるオプションのようなものをインストールして追加します。プラグインとはすでに使っているソフト（アプリ）の機能を拡張するために追加するプログラムのことです。

　セキュリティ対策やアクセス解析など、多くのプラグインを無料で利用することができます。自身のサイトに必要な機能を追加できるため、カスタマイズ性は高いですが、追加しすぎるとページの表示速度が遅くなることがあります。必要なプラグインを選別し、追加するようにしましょう。

●WordPressのプラグイン追加画面

⑤SEOとの親和性が高い

SEOの知識がないエンジニアが作るウェブサイトの中にはSEOをまったく意識していないためにGoogleなどの検索エンジンで上位表示しにくい作りのものがあります。

WordPressに「All in One SEO」などのSEOをするためのプラグインを導入することで、Googleなどの検索エンジンにサイト内のコンテンツを評価してもらいやすくすることが可能です。

●WordPressのプラグイン「All in One SEO」の設定画面

第5章
Googleの特徴

⑥WordPressに関する書籍や解説サイトが多い

WordPressは最も利用者が多いCMSであるため、入門書からプロ向けの書籍まで多数の書籍が販売されています。また、Googleなどの検索エンジンで知りたいこと、困ったことを検索すると多くのサイトやブログで問題解決の方法を解説している記事を見つけることができます。

⑦WordPressを使えるデザイナー、エンジニアが多い

非常に多くのウェブ制作会社やフリーランスのウェブデザイナーがWordPressでウェブサイトを制作しています。そのため、WordPressは他のCMSと比べて低コストでの制作、サイト管理の外注をすることができます。

自社内でウェブデザイナー、エンジニアを雇用しようとするときも、雇用市場にはWordPressを扱える人材が比較的豊富にいるため採用コストが削減できます。また、不測の不具合が発生したときでも、解決策を提供できるエンジニアがたくさんいるため、運営上のリスクが軽減されます。

⑧無料で利用できる

通常、CMSを自社で開発するには多額の費用がかかり、有料のCMSパッケージも高額な初期費用や月額費用がかかります。しかし、WordPressはオープンソースのCMSなので誰もが無料で利用できます。それにより企業がウェブサイト構築と運営にかける費用を大幅に削減することが可能です。

4-4-2 ◆ WordPressのデメリット

WordPressは非常に便利なCMSですが、次のようなデメリットもあります。

①セキュリティが弱い

WordPressはオープンソースであるため、機能の改善だけでなくセキュリティ強化のためにも頻繁にアップデートされ、最新版が提供されます。そして、その都度、WordPressをアップデートすることが求められます。

しかし、アップデートすることによって微妙にデザインがずれてしまい意図
したデザインでページが表示されない場合があるため、アップデートには注
意が必要です。

　大企業は、自社のホームページをWordPressで作成することはほとんど
ありません。高度なセキュリティ対策がされている高額なCMSパッケージを
利用するからです。大企業になればなるほど高度なセキュリティ対策が必
要とされます。

　WordPressはオープンソースであるがゆえにハッカーなどに狙われやす
いデメリットがあります。

　セキュリティ対策を強化するとなると、専門的知識が必要となり、そ
のためのコストもかかります。ウェブサイトを初めて開く初期の段階では
WordPressを使っても、事業が成長すれば、セキュリティを高めるスキルを
学ぶか、有料になってもセキュリティ対策が優れた方法を検討する必要が
あるでしょう。

②遅いサーバーだとページが表示されないことがある

　HTMLで作成したページに比べると、WordPressで作成したページは、
データベースを介するため、表示にどうしても時間がかかります。データベー
スを介することで動的ページを作成することができるのでやむを得ません
が、表示速度が遅いとユーザーにストレスを与えることになります。

　最近ではWordPressで作成したページを高速で表示するように
WordPressの運用に最適化されたレンタルサーバーが比較的低価格で提
供されています。WordPressを使用する場合は極力、WordPressのペー
ジ表示に最適化されたところを選びましょう。

③定期的なアップデートに対応しなくてはならない

　WordPress本体だけでなく、使用するテーマやプラグイン、データベース
は定期的にアップデートされます。また、WordPressが使用するPHPも数
年おきにバージョンアップされます。

それぞれのバージョンアップは同期されているものではないので注意深くアップデートをしないとバージョンの違いによる不具合が発生することがあります。こうしたことを防止するには、こまめなバージョンアップと不具合が生じたときの復旧のスキル習得や、復旧作業の外注先を確保する必要があります。

④特定の企業が提供するものではないためサポートを受けることができない

オープンソースは確かに無料で使えて便利ですが、裏を返せば誰も製品に対して責任を持つことがないということでもあります。WordPressを問題なく使いこなすためには自社内にWordPressに精通する担当者を持つか、そうした人材がいる外注先を平時より確保しておかねばウェブサイトの継続的な運用が困難になります。

⑤細かいところをカスタマイズするにはPHPなどの知識が必要になる

テーマやプラグインは確かに便利ですが、自社のニーズに100%合致したものばかりではありません。ちょっとしたデザインや機能の変更や追加をするにはPHP言語というサーバーサイドプログラミングの知識が必要になります。

このようにウェブサイトを持つには複数の手段があります。自社の現状に沿った手段をその時々に採用し、無理のないウェブサイト運用を目指す必要があります。

第 6 章

ウェブサイト公開の流れ

　ウェブサイトが完成しても、そこはゴールではなく、ウェブを使った集客活動をするためのスタート地点に立ったということでしかありません。ウェブ上には数え切れないほど多くのウェブサイトが存在しています。そのため、ウェブサイトが完成した後に、そのままにしておくだけでは多くのユーザーに見てもらうことは困難です。

　本章ではウェブサイトが完成した後にどうすれば、ユーザーにサイトを見てもらえる状態になるのか、その一連の流れを解説します。

ウェブサイトを見てもらうための5つの作業

ウェブサイトが完成した後、ユーザーにサイトを見てもらうためにはいくつかの作業をする必要があります。これらの作業をすることにより初めて多くのユーザーの目に触れるようになります。

ユーザーにウェブサイトを見てもらうための作業には、次の5つがあります。

- ドメイン名の取得
- サーバーの開設
- DNSの設定
- サーバーへのファイル転送
- 表示の確認
- 告知

 ## ドメイン名の取得

ユーザーがウェブサイトを見るためには、必ずURLが必要です。URLとは、ウェブ上に存在する1つひとつのウェブページの住所のようなものです。その住所がブラウザに入力されない限りウェブページを見ることは不可能です。URLの例は次の通りです。

●URLの例

```
https://www.zennihon-seo.org/associate/
```

そしてURLを構成するものとして核となるものがドメイン名です。ドメイン名は上の例でいうと「zennihon-seo.org」の部分です。

2-1 ◆ 共有ドメインと独自ドメイン

ホームページ作成サービスを使ってウェブサイトを開く場合、ウェブサイトのURLはホームページ作成サービス会社が提供するドメイン名を使うか、独自にドメインネームを取得する独自ドメインを使うかのどちらかになります。

多くのホームページ作成サービスでは、無料のプランまたは低価格のプランの場合は、ホームページ作成サービス会社が提供するドメイン名の一部を使う「共有ドメイン」になります。

　たとえば、jimdoというホームページ作成サービス会社が提供するドメイン名を共有する共有ドメインでサイトを開いたサイトのURL例は次のようになります。

●共有ドメインのURLの例

```
https://betsuyakuringyo.jimdosite.com
https://ishokudokorosuehiro.jimdosite.com/
```

　共有ドメインは特別な料金を払わなくても無料で使えるプランなので便利ですが、デメリットとしては、自由な文字列のURLではなく、ホームページ作成サービス会社が提供するドメイン名を使ったURLになるため自由度が低くなります。さらにドメイン名の所有者はホームページ作成サービス会社なので退会すると同時に共有ドメインを使うことができなくなます。これではせっかくユーザーや検索エンジンに覚えてもらったURLを失うことになります。

　また、オンラインショッピングモールの楽天市場やYahoo!ショッピングなどでショッピングサイトを開く際は、それぞれ、次のように必ずモール側が提供する共有ドメインを使ったURLのショッピングサイトを開かなくてはなりません。

●オンラインショッピングモールで開いたショッピングサイトのURLの例

```
https://www.rakuten.co.jp/a-papa/
https://store.shopping.yahoo.co.jp/a-papa/
```

　そのため、自社のショッピングサイトが属するモールを退会すると同時にこれまで使用してきたURLを失うことになり、重要な顧客基盤を失うことになります。

　このように他社が提供する共有ドメインを使用することは運営上のリスクが生じます。本格的にウェブで商品・サービスを販売する企業のほとんどは自分たち独自のドメイン名を取得するのが慣例となっています。そして、より多くの費用がかかる上位のプランを選択すると独自に取得したオリジナルのドメイン名を使う「独自ドメイン」で運営できることになります。

独自ドメインを取得して開いた独自ドメインサイトのURL例は次の通りです。

```
https://www.iryouyouuiggu.net/
```

このことを「独自ドメインを取得してサイトを開く」といいます。

なお、ASPによっては独自ドメインを設定できる場合があります。

2-2 ◆ドメイン名の種類

ドメイン名にはさまざまな種類があります。サイト運営者の居住する国や、業種によって取得できるドメイン名に制限があるものとしては次のようなものがあります。

◉居住国によって制限があるドメイン名

ドメイン	居住国
.jp	日本
.uk	英国
.ca	カナダ
.au	オーストラリア
.fr	フランス
.de	ドイツ
.es	スペイン
.ru	ロシア
.cn	中華人民共和国(中国)

◉業種によって制限があるドメイン名

ドメイン	説明
co.jp	日本国内で登記を行っている会社・企業が登録可能 例：株式会社・有限会社など
or.jp	特定の法人組織が登録可能 例：財団法人、社団法人、医療法人、農業協同組合、生活協同組合など
ne.jp	不特定または多数の利用者に対して提供するネットワークサービスが登録可能
ac.jp	学校教育法などの規定による学校が登録可能 例：大学、大学校、高等専門学校、学校法人、職業訓練校など
go.jp	日本国の政府機関、各省庁が管轄する研究所、特殊法人(特殊会社を除く)が登録可能

一方、居住国や業種にかかわらず誰でも取得できるドメイン名には次のようなものがあります。

●居住国や業種にかかわらず誰でも取得できるドメイン名

ドメイン	説明
.com	企業や商用サービスを表すドメイン
.net	主にネットワークサービスの提供者を表すドメイン
.org	主に非営利団体を表すドメイン
.biz	主にビジネスを表すドメイン
.info	主に情報の提供者を表すドメイン

2-3 ◆ドメイン名の取得

「.com」や「.org」などの居住国や業種にかかわらず誰でも取得できるドメイン名は、ドメイン名販売業者のサイトで誰でも簡単に申し込みができます。クレジットカードで料金を支払えば即時に利用することができます。

業種によって制限があるドメイン名である、「.co.jp」や「.or.jp」などのドメイン名も料金の支払いと同時に利用することは可能ですが、6カ月以内に登記簿などの必要書類をドメイン管理機関に提出して本登録をする必要があります。また、業種によって制限があるドメイン名は1つの組織につき1つしか取得できないという制限もあります。

ドメイン名の料金は年額数百円から数千円であるものがほとんどです。比較的料金は低めに設定されているので気軽に取得ができますが、料金の支払いを怠ると失効してしまい、他人にそのドメイン名を使われるリスクがあるので注意しなくてはなりません。

そして、一度取得されたドメイン名は値上がりの可能性があります。海外では1つのドメインが1億円以上で転売されているという事例もあります。文字数の少ないドメイン名は特に希少価値が高い傾向があります。ドメイン名そのものに資産価値が生じることがあるので注意しましょう。

ドメイン名に含まれる文字列（例：「sony.co.jp」の「sony」の部分）が他社が所有する商標と同じまたは類似している場合は、商標権を持つ企業に優先権が与えられているため取得したドメイン名を失うこともあります。こうしたトラブルを避けるためにはドメイン名を取得する前に商標の検索ができる「特許情報プラットフォーム」などを使い商標登録されていないかを確認するべきです。

- 特許情報プラットフォーム
  URL https://www.j-platpat.inpit.go.jp/

3 サーバーの開設

　ドメイン名を取得した後は、ウェブサイトを置くサーバーを調達する必要があります。サーバーとは、ウェブサイトを構成するファイルやそれらをユーザーが閲覧できるようにするためのソフトウェアが設置されているサーバーです。

　サーバーにウェブサイトを構成するファイルを送信して、ウェブサーバー上にそれらのファイルが置かれることにより、ユーザーはいつでもウェブサイトを閲覧することが可能になります。

　また、WordPressなどのCMSでサイトを作成したときは、サーバー上にインストールされているPHPプログラムやデータが格納されているデータベースが動作することにより、ユーザーはサイトを閲覧できるようになります。

　ウェブサイトを公開するためのサーバーは主に次の3つの層に分かれています。

- ウェブサーバー（プレゼンテーション層）
- アプリケーションサーバー（アプリケーション層）
- データベースサーバー（データ層）

3-1 ◆ ウェブサーバー（プレゼンテーション層）

　基本的な通信機能、ハードウェア制御機能を持つウェブサーバーソフトウェアであるApache HTTP Server、Ngnixなどがインストールされます。

3-2 ◆ アプリケーションサーバー（アプリケーション層）

　WordPressなどのCMSやショッピングカートなどのサーバーサイドプログラムを動作させるためのPHP、Java 、Ruby、Pythonなどのウェブアプリケーションがインストールされます。

3-3 ◆ データベースサーバー（データ層）

　WordPressなどのCMSやショッピングカートなどのサーバーサイドプログラムがデータを格納するためのMySQL、PostgreSQL、Oracleなどのデータベース管理システムがインストールされます。

●3つの層

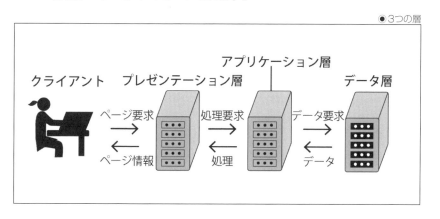

こうしたウェブサイトを公開するためのサーバーは通常、レンタルサーバー会社が提供しているものを使用します。レンタルサーバーには複数の利用プランがあり、主に次の3種類があります。

- 共用サーバー
- 専用サーバー
- VPS

3-3-1 ◆ 共用サーバー

他のユーザーと同じサーバーを共有するプランで料金は月額数百円から数千円程度になります。同じサーバーを共有する他のユーザーの影響を受けるため動作が遅くなることがあります。たくさんのアクセスがある人気サイトが同じ共用サーバー内にあるとサイトがつながりにくくなります。また、ウェブアプリケーションを過剰に使用するサイトがある場合も、つながりにくくなるだけでなく、共用サーバーがダウンしてしまい自社のサイトがしばらくの間閲覧できなくなることもあります。

3-3-2 ◆ 専用サーバー

自社が1台まるごと専有できるプランです。自社専有なので他のユーザーの影響を受けません。月額費用は数万円以上かかります。

3-3-3 ◆ VPS

Virtual Private Server（仮想専用サーバー）の略で、物理サーバー上に構築した仮想サーバーを、ユーザーから見ると1台の仮想サーバーを専有して利用できるようにしたものです。専用サーバーと同等かそれ以上のカスタマイズ性がありながら、物理的に同じサーバーを他のVPSユーザーと共有するため共用サーバー並みの低価格で利用できます。

近年では、レンタルサーバー以外に、クラウドサーバーを利用してウェブサイトを公開する企業が増加しています。

3-4 ◆ クラウドサーバー

　クラウドサーバーとは、VPSと同様に仮想サーバーを専有する利用形態で、技術的にはVPSと基本的に変わりません。しかし、VPSは基本的に1台ごとの契約のためメモリ、ディスク容量などのサーバーのスペックを後から変更することに制限がある場合がある一方で、クラウドサーバーは複数のサーバーを自由に構築することができるため、後からサーバーのスペックを変更することができます。

　費用は月額課金制ではなく、使った分だけを払うという従量課金制のため、想定外の費用がかかることがあります。代表的なクラウドサービスとしてAmazonのAWS、マイクロソフトのAzure、GoogleのGoogle Cloudなどがあります。

●サーバーの種類

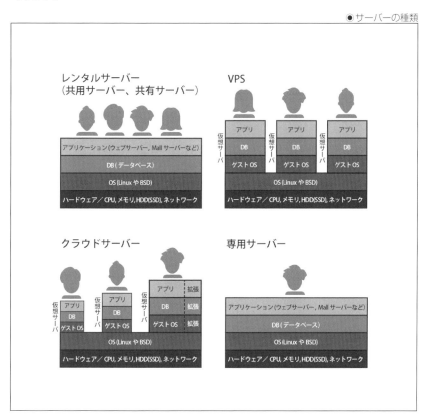

3-5 ◆ サーバーを契約しなくてよい場合

Wix、Jimdo、ShopifyなどのASPサービスとして提供されるホームページ作成サービスを利用する場合は、サービスの一部にサーバーも含まれるため、レンタルサーバーやクラウドサーバーを契約する必要はありません。

また、アメブロやライブドアブログなどの無料ブログサービスを使う場合もサーバーはサービスに含まれているため別途サーバー料金を支払う必要はありません。

3-6 ◆ 無料レンタルサーバー

サーバーを無料で使うことができる無料レンタルサーバーというものもあります。しかし、サーバーのスペックが低いことや、無料でサービスを提供するために広告が自動的に表示されるなどのデメリットがあります。無料レンタルサーバーは個人利用では問題はなくても、企業がウェブサイトを運営する場合には適していないため、有料のレンタルサーバーか、クラウドサーバーを使うことが推奨されます。

このようにウェブサイトを公開するサーバーにはさまざまな種類があります。自社のその時々の目的にあった適切なサーバーを選びましょう。

 DNSの設定

サーバーを開設した後は、取得したドメイン名が実際に使えるようにするためにDNS（Domain Name System）の設定をする必要があります。

DNSとは、ドメイン名とIPアドレスを紐付けるシステムのことです。ウェブサイトの住所はIPアドレスというネットワークにつながっている機器（パソコンやスマートフォン）に割り振られた番号で識別されます。

ウェブサイトを公開するために開設するサーバーにも固有のIPアドレスが割り当てられます。IPアドレスとは、ネットワークにつながっている機器（スマホやPCなど）に割り振られた識別番号のことです。たとえば「183.79.250.251」のような番号が、IPアドレスです。ウェブサイトのデータが格納されている機器（サーバー）にもIPアドレスがあり、これがサイトの住所となります。

　しかし、IPアドレスは数字の羅列で覚えることが困難です。そこで考案されたのが、IPアドレスをドメイン名と紐付けるという発想です。

　「183.79.250.251」というIPアドレスは数字だけの情報なので人間が記憶するのは難しいですが、「183.79.250.251 ＝ www.yahoo.co.jp」と紐付け設定をすることにより、「183.79.250.251」というIPアドレスをブラウザに入力しなくても、「www.yahoo.co.jp」というドメイン名を入力することによりウェブサイトが見られるようになるという仕組みです。

　このIPアドレスとドメイン名を紐付けするシステムのことをDNSと呼びます。DNSの設定はウェブサイトの管理者がレンタルサーバーやクラウドサーバーなどにある管理画面で設定することができます。

　たとえば、さくらインターネットのレンタルサーバーでの設定方法については下記のURLを参照してください。

- さくらインターネットで取得・管理中のドメインを設定したい | さくらのサポート情報
  URL https://help.sakura.ad.jp/domain/2145/
- 他社で取得・管理中のドメインを設定したい | さくらのサポート情報
  URL https://help.sakura.ad.jp/domain/2147/

　DNSの設定が完了すると世界中のサーバーに情報が反映されるのに平均24時間前後かかります。

　情報が反映されるとブラウザにドメイン名を入力するとウェブサイトが見られるようになります。世界中のすべてのサーバーに一斉に情報が反映されないため、DNSの設定直後は、自分のデバイスではウェブサイトが閲覧できても遠隔地からインターネット接続している他人のデバイスでは閲覧できないという時差が生じます。

5 サーバーへのファイル転送

　サーバーを開設し、DNSの設定をした後は、サーバーにウェブサイトを構成するファイルをアップロードします。

　アップロードとは手元のコンピュータやスマートフォンなどの端末から、ネットワーク上のサーバーにデータファイルを転送することをいいます。反対にダウンロードとは、ネットワーク上のサーバーから手元の端末にデータファイルを転送して保存することをいいます。

5-1 ◆ FTPクライアントソフト

　サーバーにデータファイルを転送するにはFTPクライアントソフトを使います。FTPとはFile Transfer Protocol（ファイル転送プロトコル）の略で、パソコンなどのクライアント上で作成したHTMLファイル、CSSファイル、JavaScriptファイル、画像ファイルなどをサーバーに転送してウェブサイトを世界中のユーザーが見られる状態にするためのものです。

　次の図はFTPクライアントソフトの中でも利用率が高いFFFTPというソフトの操作画面です。左側のファイルリストがサイト運営者のパソコンのフォルダー内にあるウェブサイトを構成するファイルです。そして右側がサーバー内にアップロードされたファイルの一覧です。

　アップロードしたいファイルを左側のファイルリストから選択して、アップロードをすると右側にあるサーバー内のファイル一覧にそのファイルが表示され、アップロードが完了したことを示します。

5-2 ◆ CMSの管理画面

WordPressなどのCMSでウェブサイトを作る場合は、CMS自体がすで
にサーバーにインストールされているためウェブページを作成すると同時に
サーバーにファイルが生成されます。そのため、ファイルのアップロードをする
手間はかかりません。

ただし、サイト運営者のパソコンで作成した画像ファイルや動画ファイル
はCMSの管理画面でアップロードしたいファイルを選択してアップロードしま
す。WordPressを使用している場合は、WordPressにあるメディアライブラ
リという画面で、ファイルを選択してアップロードします。

6 表示の確認

　ウェブサイトを構成するファイルをアップロードしたら、1つひとつのページが問題なく表示されるかだけでなく、ショッピングカートやお問い合わせフォームなどのプログラムが問題なく動作するかを確認します。

　この作業を怠ると、せっかくユーザーがサイトを訪問して商品やサービスの申し込みや問い合わせをしようとしてもできない状態のため機会損失が発生します。そればかりでなく、そのサイトに悪い印象を持つことになり、二度とそのサイトを見にきてくれなくなり企業のブランド価値が下がる原因にもなります。

　特にショッピングカートや予約システムなどのプログラムはユーザーが想定外の行動を取ることがあるため不具合が発生することがあります。そうした事態を避けるためには、あらゆるケースを想定してテストをして、問題を発見したらすぐに修復する必要があります。

6-1 ◆ 複数のブラウザでの確認

　ウェブサイトの表示を確認するには1つのブラウザだけでなく、複数のブラウザで確認する必要があります。特に近年ではスマートフォンユーザーが増えたためパソコンだけでなく、スマートフォンやタブレットなどのモバイルデバイスに搭載された複数のブラウザで表示を確認する必要があります。

　主要なブラウザには、Chrome、Firefox、Safari、Edgeなどがあります。それぞれのパソコン版とモバイル版でウェブサイトの表示とプログラムの動作を確認しましょう。

6-2 ◆ ウェブページが表示されるまでの流れ

　ユーザーがウェブページを閲覧するには次の3つの手順が実行されます。

❶クライアントのブラウザがサーバーにウェブページをリクエストする

　ユーザーが使っているデバイスにあるブラウザにはURL入力欄があります。

●パソコンにインストールされたChromeブラウザのURL入力欄

　そこにURLを入力すると、ユーザーのブラウザが、ウェブサイトが設置されたサーバーに保存されているウェブページのURLをリクエスト（要求）します。

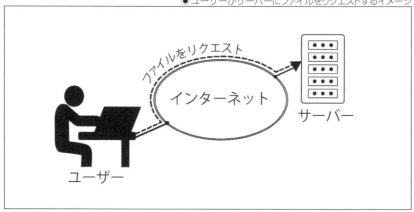

◉ユーザーがサーバーにファイルをリクエストするイメージ

❷サーバーがクライアントにデータを送信する

　サーバーはウェブページを構成するファイルを、リクエストしたユーザーに向けて送信します。

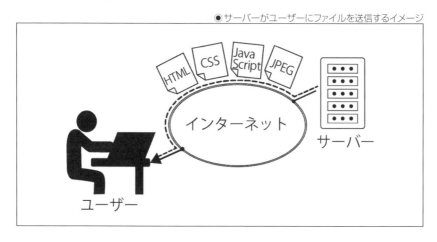

◉サーバーがユーザーにファイルを送信するイメージ

❸ブラウザがウェブページをレンダリング（描画）してウェブページが画面に表示される

　ウェブページを構成するファイルをブラウザが解釈します。そしてユーザーのブラウザの画面上にページのレイアウト、テキスト、画像などを描画します。

●HTMLファイル、CSSファイル、JavaScriptファイルを読み込んでページを描画するイメージ

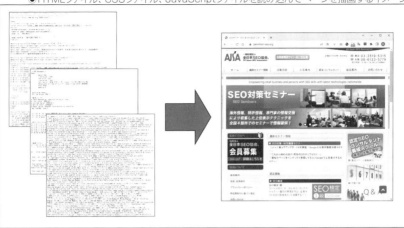

6-3 ◆ エラーが生じた場合

　ウェブページを構成するファイル内に何らかの問題がある場合や、一部のファイルをアップロードし忘れるなどのミスが生じるとウェブページは表示されず、ブラウザは何らかのHTTPステータスコードを表示します。

　たとえば、サーバーにアップロードし忘れたページのURLを入力するとブラウザには次のようなHTTPステータスコードとメッセージが一緒に表示されます。

●エラーメッセージの例

HTTPステータスコードとは、ユーザーが使うブラウザからリクエスト（要求）した内容に対してのサーバーからのレスポンス（反応）のことです。

HTTPステータスコードの400番台と500番台はエラーを意味するメッセージがです。これらが表示された場合は速やかに復旧のための知識を持った担当者か、サーバー会社に連絡を取り早期の復旧をしないと機会損失が発生するだけでなく、企業の信用が損なわれることになります。

6-4 ◆ HTTPステータスコードの種類と意味

HTTPステータスコードの種類と意味は次の通りです。

6-4-1 ◆ 400番台のHTTPステータスコード

HTTPステータスコードの400番台は、リクエストするクライアント側に問題があったときに発生するエラーのことです。数十種類のエラーがありますが、主に次のものがあります。

①400 Bad Request

「リクエストは正しくありません」という意味で、URLの構文ミスやブラウザのキャッシュ（記憶機能）の破損などが起きた場合のエラーメッセージです。

②403 Forbidden

「リクエストは禁止されています」という意味で、クライアント側にサーバー内のファイルに対してのアクセス権限が与えられていない場合のエラーメッセージです。

サーバー内にあるファイルやプログラムにはセキュリティ保護のために1つひとつ誰がアクセスすることが可能かというアクセス権限を設定しています。アクセス権限が与えられていないユーザーはそれを閲覧することも変更することもできません。

③404 Not Found

「ページ（ファイル）が見つかりませんでした」という意味で、リクエストした
ページ、またはファイルがサーバーに存在しない場合に表示されるエラーメッ
セージです。

④408 Request Timeout

「リクエストが時間切れになりました」という意味で、リクエストに時間がか
かり、完了しないまま時間切れになった場合に表示されるエラーメッセージ
です。サーバーが混雑している場合やクライアントがリクエストしたファイルの
サイズが大きすぎるときに発生します。

6-4-2 ◆ 500番台のHTTPステータスコード

HTTPステータスコードの500番台は、サーバー側に問題がある場合に
発生するエラーのことです。

①500 Internal Server Error

「サーバー内部にエラーが発生しました」という意味で、ウェブサーバー
やウェブアプリケーションサーバーがPHPなどのサーバーサイドプログラムな
どのアプリケーションの処理を実行できないことを意味しています。 このエ
ラーが発生している間は、ユーザーはウェブサイト上のサービスの一部が
利用できない状態なので早急に復旧しないと機会損失を引き起こすことに
なります。

②502 Bad Gateway

「通信の不具合が発生しました」という意味で、ウェブサーバーの通信
状態が機能していないことを示します。原因としてはサーバー側の設定ミ
ス、PHPなどのサーバーサイドプログラム側のミスなどがあります。これもウェ
ブサイト上のサービスの一部が利用できない状態なので早急に復旧する必
要があります。

③503 Service Unavailable

「サービスが利用できません」という意味で、リクエスト先にアクセスが集中した場合や、メンテナンスなどでサーバーが一時的に利用できない状態になった場合に表示されるものです。

6-4-3 ◆ その他のステータスコード

HTTPステータスコードの100番台は「継続」、200番台は「リクエスト完了」、300番台は「転送」を意味するHTTPステータスコードです。100番台から300番台までのHTTPステータスコードはエラーではないので、ユーザーの目には触れることはありません。クライアントであるブラウザとサーバーがバックグランドでやり取りをするだけです。

7 告知

サーバーを開設し、取得したドメイン名を使えるようにした後にようやく世界中の誰もがウェブサイトを閲覧することができるようになります。

しかし、そのままの状態ではユーザーは見に来てくれません。ユーザーがサイトの存在を知らないからです。サイトの存在を広く知らしめて訪問者数を増やすためには告知活動をする必要があります。

7-1 ◆ Googleビジネスプロフィールに登録する

Google検索に表示される地図欄に自社情報を登録するものです。Googleビジネスプロフィールに自社の情報や、支店がある場合は、各支店の情報を登録すると自社情報が表示され、「ウェブサイト」という欄から自社サイトにリンクを張ることができます。

- Googleビジネスプロフィール - Googleにビジネスを掲載
  URL https://www.google.com/intl/ja_jp/business/

●Googleビジネスプロフィールの申し込み画面

7-2 ◆ 検索エンジンに登録する

　国内でシェアが高い検索エンジンに登録をすると検索エンジンからユーザーがサイトに来るようになります。

7-2-1 ◆ Googleサーチコンソール

　Googleがサイト運営者のために提供する無料ツールです。登録することによりGoogleがサイトを見に来てくれるようになるだけでなく、サイト内に技術的な問題がある場合、どのような問題があり、それをどのように解決すべきかを教えてくれる機能があります。

- ● Google Search Console
  - URL https://search.google.com/search-console/about?hl=ja

●Googleサーチコンソールの申し込み画面

7-2-2 ◆ Bing Webマスターツール

　マイクロソフトが運営するMicrosoft Bingが提供するツールで、Google
のサーチコンソールと同様にサイトの登録と有益な情報が得られる無料ツー
ルです。

- Bing Webマスターツール

　`URL` https://www.bing.com/webmasters/about

●Bing Webマスターツールの申し込み画面

7-3 ◆ プレスリリース代行サービスを使って
　　　プレスリリースを出す

　企業がプレスリリースを投稿できるサービスがあります。サイトがオープンしたことを伝えるプレスリリース文を作成しプレスリリース代行サービスを利用するとそのプレスリリース文が複数の大手メディアのサイトに転載されて、それらのサイトからの訪問者を増やすことが可能です。1回あたり5000円から3万円の料金を払うと利用できます。

　プレスリリース代行サービスには「PR TIMES」などがあります。

- ● PR TIMES｜プレスリリース・ニュースリリースNo.1配信サービス
  URL https://prtimes.jp/

●PRTIMESに投稿したプレスリリース文の例

7-4 ◆ ソーシャルメディアからリンクを張る

Twitter、LINE公式アカウント、Facebook、YouTubeなどのソーシャルメディアに記事を投稿するときに、記事内にサイトオープンのお知らせとサイトURLを記載するとフォロワーやソーシャルメディア内で検索をしたユーザーがサイトを訪問してくれるようになります。他にも各ソーシャルメディアにあるプロフィール欄にサイトURLを記載することもできます。

●Twitterのツイートからのリンクとプロフィール欄からのリンクの例

7-5 ◆ 取引先や知人のサイトにリンクの依頼をする

　企業の取引先や知人にお願いをすると自社サイトにリンクを張って紹介してくれることがあります。ウェブサイトだけでなく、ブログからのリンクでもサイト訪問者を増やすことが期待できます。

7-6 ◆ 取引先サイトの事例集、お客様インタビュー、お客様の声ページに掲載してもらう

　取引先のサイトに事例集や、お客様インタビュー、お客様の声ページがある場合、取材をしてもらい取引先のサイト内のページからリンクを張ってもらえることがあります。下記はその例です。

URL https://www.genius-web.co.jp/interview/seo.html

●ウェブ制作会社のお客様インタビューページからのリンク例

7-7 ◆ 入会している団体のサイトの会員紹介ページに掲載してもらう

　企業が入会している組合、学会、団体などのサイトに会員紹介ページがある場合、そこから会員のサイトにリンクを張ってくれることがあります。

シオノギヘルスケア（株）	大阪府大阪市中央区北浜2-16-18 淀屋橋スクエア7階
シックスセンスラボ（株）	福岡県福岡市中央区今泉1-20-2　天神MENTビル6F
（株）しまのや	沖縄県那覇市宮城1-15-8
（株）JIMOS	福岡県福岡市博多区冷泉町2-1博多祇園M-SQUARE 7F
（株）JALUX	東京都港区港南1-2-70
ジュピターショップチャンネル（株）	東京都中央区新川1-14-5 国冠ビル
小豆島ヘルシーランド（株）	香川県小豆郡土庄町甲2721-1
新日本製薬（株）	福岡県福岡市中央区大手門1-4-7
信和薬品（株）	富山県富山市婦中町萩島3697-8

7-8 ◆ 既存客にメール、郵送物を出す

　これまで自社商品・サービスを購入してくれた既存客のメールアドレスや住所を調べて、サイトオープンのお知らせのメールの配信、はがきか封書を郵送すると関心のある既存客がサイトを訪問してくれるようになります。

7-9 ◆ ポータルサイトに掲載依頼をする

　見込み客が利用している可能性が高いポータルサイトを見つけて、自社情報の掲載をすると自社情報の項目の1つとしてウェブサイトにリンクを張ってくれることがあります。

電話	📞 電話で予約・お問い合わせ
メール	✉ メールでお問い合わせ
URL	https://taguchiseikotsuin2.wixsite.com/musasiseki （ホームページ） https://twitter.com/tagutiseikotuim （Twitter） https://www.instagram.com/taguchiseikotsuin0201/?hl=ja （Instagram）
駐車場	なし ※お店の前に駐輪スペースはあります。駐車スペースはありませんが歩いて2分の距離にコインパーキングがあります。
クレジットカード	利用不可
電子マネー	利用不可
QRコード決済	LINE Pay / PayPay / Alipay
座席	ベッド5台、肩用の椅子4席
用途	肩こり / 腰痛 / ぎっくり腰 / むち打ち / 交通事故対応 / 冷え性・代謝 / 癒し / 眼精疲労

7-10 ◆ 求人ポータルサイトに掲載依頼をする

　求人広告を出稿すると企業の公式サイトにリンクを張ってくれる求人ポータルサイトが多数あります。

●求人ポータルサイトに掲載された企業情報の例

法人名	日の丸交通株式会社
設立	1991年08月
代表者名	富田 和孝
資本金	1億円
従業員数	1,700名
業務内容	一般乗用旅客自動車運送業（タクシー）
ホームページ	https://hinomaru.tokyo/ ※上記から求人へのご応募は、入社祝い金・交通費支給の対象外
本社	〒112-0004 東京都文京区後楽1-1-8日の丸自動車ビル

7-11 ◆ まとめ・比較・ランキングサイト・
マッチングサイトに掲載依頼をする

　近年、Googleなどの検索エンジンでは、まとめサイト、比較サイト、マッチングサイトが上位表示しています。これらのサイトの多くはアフィリエイト広告を張り広告収入を得ています。アフィリエイトサービス・プロバイダー（ASP）と契約をすることにより、これらのサイトに取り上げられて多くのサイト訪問者を獲得することが見込めます。

7-12 ◆ その他自社サイトと関連性が高いサイトに
紹介の依頼をする

　自社サイトと関連性が高い分野のサイトやブログを検索エンジンなどで見つけて、自社サイトを紹介してくれる可能性があるサイトを見つけ、リンクの依頼をすると紹介してリンクを張ってくれる可能性があります。しかし、それを実現するにはある程度、事前に自社サイトの内容を充実させ、ユーザーに役立つコンテンツを充実させる必要があります。

7-13 ◆ オンライン広告を出す

　広告予算がある場合は、検索エンジンのリスティング広告や、テキスト広告、バナー広告などを利用するとすぐにアクセスを増やすことが可能です。

7-14 ◆ その他の広告媒体でもウェブサイトを紹介する

　オンライン広告以外にも、テレビCM、ラジオCM、雑誌広告、新聞広告、看板広告、チラシ広告などにサイトのURLを記載することや「XXXで検索!」というような自社サイトが上位表示する検索キーワードでの検索を促すフレーズを記載するとサイト訪問者を増やすことが目指せます。

7-15 ◆ 実店舗の看板、店内装飾、配布物、営業用自動車 などでウェブサイトを紹介する

　実店舗がある企業の中には、店舗の店内装飾、配布物、営業用自動車などにサイトのURLやQRコードを記載すること、または「XXXで検索!」というような自社サイトが上位表示する検索キーワードでの検索を促すことによりサイト訪問者を獲得しているところがあります。

　このようにウェブサイトは作って終わりではなく、作ってからが勝負です。黙って訪問者を待つのではなく、積極的にサイト訪問者を増やす攻めの姿勢が必要です。

第 7 章

ウェブを支える基盤

ウェブがどのような要素で成り立っているのかを
知ることにより、ウェブサイト運営の知識を習得する
際に、1つひとつの事柄をより深く、スピーディーに
理解できることが可能になります。
　本章ではウェブを構成する主な要素を解説します。

ウェブの主な構成要素

　ウェブを考案したのはイギリスの計算機科学者のティム・バーナーズ=リー博士を中心にした研究者たちでした。ティム・バーナーズ=リー博士は1984年からCERN（欧州原子核研究機構）に勤務し、ウェブの構想から開発までを行い、ウェブを構成する要素間の通信プロトコル（通信規約）を作りました。

　ウェブの主な構成要素のイメージ図は次の通りです。

●ウェブの主な構成要素のイメージ図

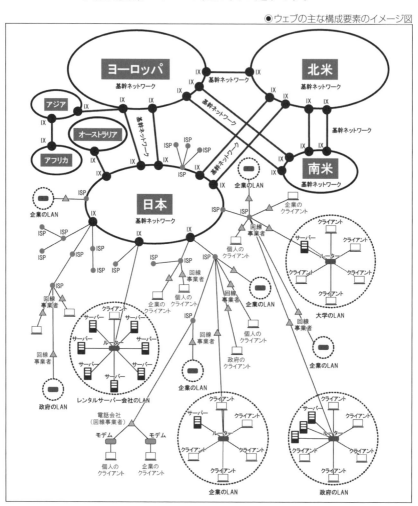

ウェブを構成する要素には主に次のものがあります。

基幹ネットワーク

インターネットバックボーンとも呼ばれ、インターネットの主要幹線を意味します。商用、政府、学術、その他の大容量データ経路の相互接続された集合体で、国家間、大陸間など世界中にデータを伝送するための通信網です。

 TCP/IP

TCP/IPは、Transmission Control ProtocolとInternet Protocolの略で、コンピュータ同士が通信を行い情報のやり取りをする際に使われる通信プロトコルのことです。

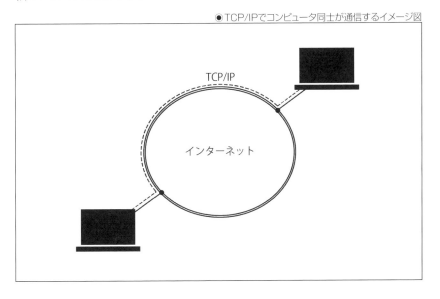

●TCP/IPでコンピュータ同士が通信するイメージ図

TCP/IP

インターネット

回線事業者

　回線事業者とは、インターネットに接続するための回線を提供する事業者です。回線には光回線や、ケーブルテレビ、電話回線、モバイル回線などの種類があります。国内の回線事業者には、NTT東日本、NTT西日本、KDDI、ソフトバンクなどがあります。通常、回線事業者との契約のみではインターネットとの接続はできないので、別途ISPとの契約が必要になります。

5 ISP

　ISPとは、Internet Service Providerの略でプロバイダーと呼ばれています。ISPは回線事業者から提供された回線を、インターネットに接続するためのサービスを提供しています。国内の代表的なISPにはOCN、BIGLOBE、So-net、@niftyなどがあります。

　回線事業者とプロバイダーは、どちらも同じようなサービスを提供していると思われがちですが、回線事業者は光回線の設備など物理的な部分を提供する企業で、プロバイダーはインターネット接続サービスを提供する企業です。インターネットを利用する上でどちらが欠けてもインターネットを利用することはできません。インターネットを利用するには基本的に両方と契約する必要があります。

　しかし、近年では回線とインターネット接続サービスの両方を同時に提供するケーブルTVと契約した際や、スマートフォンを使った通信サービスを契約した際には回線事業者とISPを別々に契約することなく一定の通信料金をケーブルTV会社や、ドコモ、au（KDDI）、ソフトバンクなどの通信キャリアに支払うことによりインターネット接続ができるようになりました。こうしたシンプルなサービスが普及するにつれてユーザーの利便性が増すようになり、そのことがウェブの普及を推し進めることになりました。

6 IX

　IXとはInternet Exchangeの略で、ISPやコンテンツ事業者などが相互接続するための施設のことをいいます。通常、他の事業者と接続するには相手ごとに通信回線を用意しなければなりませんが、接続先の数に比例して機材や回線にかかる費用が増大していくという問題があります。この負担を軽減するため、1箇所の通信施設に各事業者が自社の回線を接続し、同じように参加している他の事業者すべてと同時に相互接続するという手法が考案されました。このような施設のことをIX（インターネットエクスチェンジ）といいます。

●基幹ネットワーク、回線事業者、ISP、IX、サーバー、クライアント、モデム、ルーター、LANの概念図

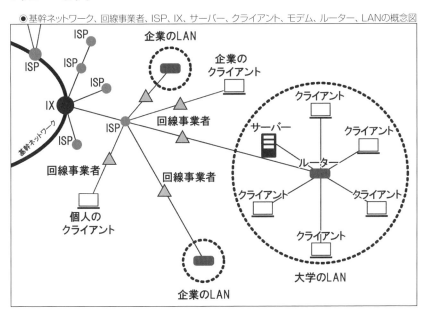

7 サーバー

サーバーとはネットワーク上で他のコンピュータに情報やサービスを提供するコンピュータのことです。インターネット上で使われる主なサーバーとしては次の4つがあります。

7-1 ◆ ウェブサーバー

ウェブサイトを構成するファイルやそれらをユーザーが閲覧できるようにするためのソフトウェアが設置されているサーバーです。

7-2 ◆ メールサーバー

電子メールの送信・受信をするためのサーバーのことで、POP3サーバー、SMTPサーバー、そしてIMAPサーバーなどの種類があります。

POP3とはPost Office Protocol version 3の略で、メールの受信側のユーザーがメールを読むときに使われる通信プロトコルです。ユーザー名とパスワードなどを利用してユーザー認証をした上でメールサーバーに接続し、メールをダウンロードする役割を持ちます。

SMTPサーバーとは、SMTP（Simple Mail Transfer Protocol）と呼ばれる通信プロトコルで電子メールを送信、転送するのに使われます。メールソフトの設定画面などでは「送信サーバー」「メール送信サーバー」などと記載されていることもあります。

また、IMAP（Internet Message Access Protocol）サーバーもメールの受信に使われるプロトコルです。POP3とは異なり、サーバー上にメールを保持したままメールを操作（読む、削除する、既読にするなど）することが可能です。これにより、複数のデバイスから同じメールアカウントにアクセスしたときにも同じ状態を共有することができます。

7-3 ◆ ファイルサーバー

ファイルサーバーは、さまざまなデータファイルが格納されているサーバーです。

7-4 ◆ データベースサーバー

データベースサーバーは、データベースが格納されているサーバーです。

これらのサーバー群がロードバランサー（負荷分散装置）に接続され、インターネットユーザーがウェブサイトやその他ファイルを利用します。

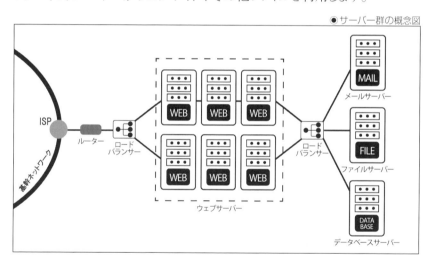

●サーバー群の概念図

第7章 ウェブを支える基盤

8 クライアント

クライアントとはパソコンなどの端末のことで、他のパソコンやサーバーと情報のやり取りをする情報端末のことです。ウェブが発達した今日ではパソコンの他にスマートフォン、タブレット、スマートテレビ、ホームスピーカーなどの情報端末もクライアントとして使用されるようになりました。

9 モデム

モデムとは、アナログ信号をデジタル信号に、またデジタル信号をアナログ信号に変換することでコンピュータなどの機器が通信回線を通じてデータを送受信できるようにする装置です。

　高速のインターネット接続サービスが提供される前までは、インターネットに接続するには通話用の電話回線をモデムに電話線で接続するダイヤルアップ接続が一般的でした。そのため、1本しか電話回線がない家庭や事業所ではインターネット接続をしているときは電話を利用することができないばかりか、電話料金の請求が高額になることがしばしばあり、気軽にインターネットを利用できる環境ではない状況が続きました。

　その後、Yahoo! BBのADSL回線（非対称デジタル加入者線）や、NTTのフレッツ光などの光回線（光ファイバーを利用してデータを送受信する通信回線）による高速インターネット接続サービスが登場しました。それにより、常時インターネットに接続し、インターネットが使い放題になったため、急速にインターネット人口が増えることになりました。

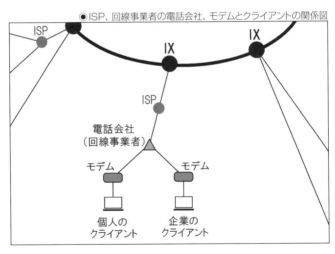

●ISP、回線事業者の電話会社、モデムとクライアントの関係図

● パソコン内蔵用モデム

10 ルーター

　ルーターとは、コンピュータネットワークにおいて、データを2つ以上の異な
るネットワーク間に中継する通信機器です。高速のインターネット接続サー
ビスを利用する現在では家庭内でも複数のパソコンやスマートフォン、その
他インターネット接続が可能な情報端末を同時にインターネット接続する際
に一般的に用いられるようになりました。無線でLAN接続する際には無線
LANルーター（Wi-Fiルーター）が用いられています。

　また、光回線を使って高速インターネットを利用するには、ルーターの他に
も、回線事業者側とユーザーの双方に対になった終端装置が必要です。
そのためユーザーは光回線と直接つなぐONU（Optical Network Unit：
光回線終端装置）という機器を使う必要があります。

第7章
ウェブを支える基盤

◉無線LANルーター

◉ONU(Optical Network Unit:光回線終端装置)

 LAN

　LANは、Local Area Networkの略であり、オフィスのフロアや建物内といったような狭いエリアで構築されたコンピュータネットワークのことです。

　銅線や光ファイバーなどを用いた通信ケーブルで機器間を接続するものを「有線LAN」、電波などを用いた無線通信（Wi-Fi）で接続するものを「無線LAN」といいます。

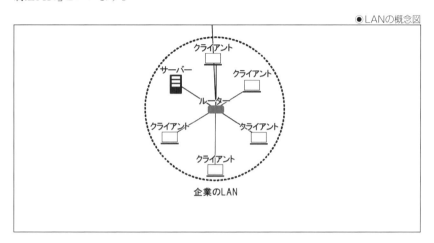

●LANの概念図

12 ブラウザ

　ウェブブラウザとも呼ばれ、ウェブ上に存在するウェブサイトをパソコンやスマートフォンなどの情報端末で閲覧するためのソフトウェアのことです。最初に流通したブラウザは1993年に誕生した「Mosaic」（モザイク）で、その後、1994年にNetscape Navigator、1995年にInternet Explorer、2004年にMozilla Firefox、2008年にGoogle Chromeというように時代とともに進化をしてきました。

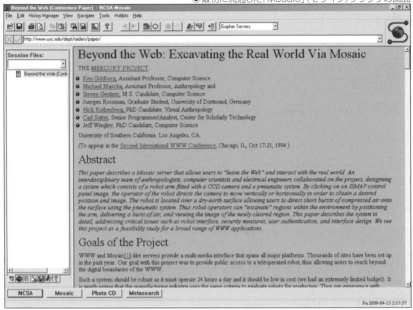

13 IPアドレス

IPアドレスとは、Internet Protocol Addressの略で、インターネットなどのTCP/IPネットワークに接続されたコンピュータや通信機器の1台ごとに割り当てられた識別番号(住所番号)のことです。

IPアドレスにはグローバルIPアドレスとプライベートIPアドレスがあります。同じネットワーク上ではアドレスに重複があってはならないため、インターネットで用いられるグローバルIPアドレスについては管理団体が申請に基づいて発行する形を取っています。

一方、プライベートIPアドレスは構内ネットワーク(LAN)などで自由に使うことができます。

IPアドレスは数字の組み合わせから構成され、4つのグループからなる数字の組み合わせを「.」(ドット)で区切ったものに決められました。

```
115.146.61.18
```

14 ドメイン名

　IPアドレスは数字の羅列で覚えることが困難なため、「www.yahoo.co.jp」のようなドメイン名が考案されました。人にとって理解しやすいドメイン名をIPアドレスと対応付けし、覚えやすくしています。IPアドレスとドメイン名は常に一対一に対応している必要はなく、1つのIPアドレスに複数のドメイン名が紐付けられていることもあります。

```
www.yahoo.co.jp = 183.79.250.251
```

15 DNS

　DNSはDomain Name Systemの略で、インターネット上でドメイン名と、IPアドレスとの対応付けを管理するために使用されているシステムのことです。ドメイン名とIPアドレスの対応関係をサーバーへの問い合わせによって明らかにすることを「名前解決」(name resolution)と呼びます。そして、ドメイン名から対応するIPアドレスを求めることを「正引き」(forward lookup)、逆にIPアドレスからドメイン名を割り出すことを「逆引き」reverse lookup)といいます。

　ドメイン名を管理しているDNSサーバーが停止してしまうと、そのドメイン内のホストを示すURLやメールアドレスの名前解決などができなくなり、ネットワークが利用者とつながっていてもそのドメイン内のサーバー類には事実上アクセスできなくなります。

第7章
ウェブを支える基盤

16 URL

　ウェブサイトにアクセスするためにはドメイン名を含むURLをブラウザ上で打ち込むか、URLが書かれているリンクをクリックする必要があります。URLとは「Uniform Resource Locator」(ユニフォームリソースロケーター)の略で、ウェブ上に存在するウェブサイトの場所を示すものです。ウェブ上の住所を意味することからウェブアドレス、またはホームページアドレスとも呼ばれます。

◉URLの例

```
https://www.ajsa-members.com/kaiinboshu/
```

17 FTPクライアントソフト

　ネットワーク上のクライアント(パソコンなどの端末)とサーバーの間でファイル転送を行うためのアプリケーションソフトのことで、FTPソフトまたは単にFTPと呼ばれることがあります。

　File Transfer Protocol(ファイル転送プロトコル)という通信プロトコルが用いられ、ウェブ運営においては主にパソコンなどのクライアント上で作成したファイルをサーバーに転送してウェブサイトの公開をするのに広く利用されています。

●パソコンにインストールしたFTPクライアントソフトの例

18 ドメイン名管理組織

ICANN(The Internet Corporation for Assigned Names and Numbers)がドメイン名を世界的に管理しています。国別ドメイン名は、ICANNから委任された各国の「レジストリ」と呼ばれる組織が管理しています。日本では、JPRS(株式会社日本レジストリサービス)がJPドメイン名を管理する国内唯一のレジストリです。

レジストリとは別に、ドメイン名の登録を受け付ける業者を「レジストラ」と呼びます。レジストラは、ドメイン名登録申請を受け付け、ドメイン情報をレジストリのデータベースに直接登録します。ドメイン名を維持するためには毎年一定の料金を支払う必要があります。料金の支払いを怠ると使用する権利を失い他人にドメイン名が取られてしまうことがあります。

第7章

ウェブを支える基盤

19 標準化団体

W3C(World Wide Web Consortium)という非営利の標準化団体がウェブで用いられる各種技術の標準化を推進しています。

ウェブを考案したイギリスの計算機科学者のティム・バーナーズ=リー博士が1994年に米国のDARPA、ヨーロッパのEC、CERNなどの協力のもとに、MITで立ち上げました。現在はMIT、ERCIM、慶應義塾大学を3つのホスト組織として世界の30カ国、400弱の組織が会員としてW3Cに参加しています。

これらウェブを構成する主な要素がそれぞれに与えられた役割を果たし有機的に作用し合うことにより、無数のウェブサイトが生まれ、運営されるようになりました。そしてウェブは私たちに数々の便利なサービスを提供するようになりました。

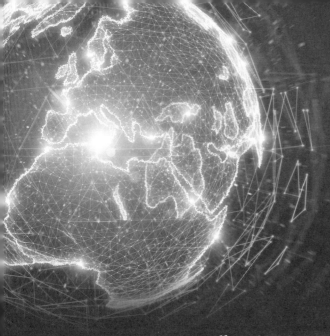

第 8 章

ウェブが発展した理由

　これまで解説してきたようにウェブは一部の研究者や趣味人が使っていた小規模なネットワークから始まり、今日ではさまざまな技術を使うことにより多種多様なサービス、サイトが生まれました。そしてその多くは今日の私たちの生活に根付き、なくてはならない存在になりました。

　ではなぜ、ウェブがここまで大きく発展したのでしょうか。それにはいくつかの要因があります。

1 オープン性

　ウェブの発展に最も貢献したのが、オープン性（開放性）です。ウェブは特定の企業が独占的に運営するネットワークではありません。インターネットが家庭に広まりつつあった1980年代から1990年代にかけて米国ではCompuServe、AOL、MSNが、国内では富士通、NECなどの大手電機メーカーがパソコン通信という各社独自の規格で運営するコンピュータネットワークを提供していました。

　開設当初は一定のユーザー数がいましたが、基本的に他のネットワークとは接続ができないという閉鎖性により大きく発展することはなく一部のパソコンに精通したユーザーが使うだけにとどまりました。

●NECが運営していたパソコン通信「PC-VAN」

```
===PC-VAN===   (MAIN)
 1. 電子メール／FAX        2. おすすめコーナー／アンケート
 3. わかばマーク           4. 検索サービス
 5. PC-VANウォッチング     6. 官公庁自治体関係情報
 7. SIG／VAP／CUG         8. インターネット／国内外ネット
 9. ベンダースポット      10. ニュース／天気／クリッピング
11. NECスポット           12. データベース／DIALOG
13. ソフトウェア／画像    14. パソコン／ハードウェア
15. マネー／ビジネス／翻訳 16. 旅行／CAR／BIKE
17. ショッピング／予約    18. 教育／受験／研究
19. スポーツ／競馬／F1     20. 国際／社会／求人
21. マガジン／書籍／文字   22. サイエンス／医療／ボランティア
23. 音楽／放送／AV        24. 芸能／コミック
25. グルメ／家庭          26. ホビー／占い
27. ゲーム／クイズ        28. OLT／コミュニケーション
29. PC-VAN利用情報（無料） 30. 阪神・淡路大震災情報（無料）
 Q. 終了

番号またはコマンド(H,Q,J)=8
```

```
コマンド  2400  一 行  ブレーク  01:04    リダ付  設定  終了  転送  記録
```

　マイクロソフトが1995年に発売したWindows 95にはインターネット接続に必要なソフトウェアが搭載されており、Windows 95を搭載したパソコンが売れるにつれて閉鎖的ではないオープンなネットワークであるウェブがパソコン通信のユーザー数を上回りコンピュータネットワークの主役の座に就くことになりました。

ウェブは、パソコン通信のような特定の企業が運営するのではなく、たくさんの企業が自由に参入でき、世界中にインターネット回線網を敷くことにより国境を越えたグローバルな世界ネットワークに発展しました。そして特定の国の政府だけが管理するものではないというボーダレスなネットワークであるという点もその発展の要因となりました。

　これによりインターネット回線に接続するユーザーは世界中のさまざまなジャンルの情報をパソコンなどの情報端末を使うことにより瞬時に取得できるという利便性を手に入れることになりました。

◉Windows95にインストールされたブラウザ「Internet Explorer」
（出典:https://diarywind.com/blog/e/msie4-on-japanese-win95.html）

2 標準化

　ウェブは特定の企業、国家が管理するものではありませんが、そのままにしておくとさまざまな規格が乱立し、情報端末同士が通信をするための互換性が低下し、分裂することになってしまいます。

　こうした障害を取り除くために使用する技術を標準化する複数の団体が生まれました。その1つがウェブで用いられる各種技術の標準化を推進しているW3C（World Wide Web Consortium）という非営利の標準化団体です。W3Cのインターネット技術標準化委員会（IETF）はウェブで使われるHTML、CSS、CGI、XMLなどの仕様を管理しています。

　他にもウェブブラウザ上で動作するプログラミング言語であるJavaScriptの仕様策定はECMA Internationalという会議が、写真などの画像ファイルのJPEGはJoint Photographic Experts Groupという会議が管理しています。

　こうしたどの企業にもどの国家にも属さない中立的な標準化団体によりウェブの標準化が実現し、ウェブの発展に大きく貢献することになりました。

3 ユーザー参加型

　ウェブが発展した3つ目の要因はユーザー参加型であるという性質です。
　従来の新聞、雑誌、テレビなどのマスメディアは基本的に企業が一方的に読者や視聴者に情報を発信するものでしたが、ウェブでは一般ユーザーが自分の意見や質問などを投稿しやすい仕組みを持っていました。

3-1 ◆UGC

　その形の1つがUGC（User Generated Content:ユーザー生成コンテンツ）というもので、ウェブサイトやオンラインサービス上で提供されるコンテンツのうち、ユーザーによって制作・生成されたものです。UGCにはユーザーの投稿した文章や画像、音声、動画などがあります。

代表的なものとしては、ブログ記事を投稿できるアメブロ、商品の感想を投稿できるAmazonの商品ページ、イラストや写真を投稿できるpixiv、音声ファイルを投稿できるPodcast、動画ファイルを投稿できるYouTubeなどがあり多くのユーザーによって日常的に使われるようになりました。

　投稿されるコンテンツが増えれば増えるほど、これらのUGCを持つサイトの人気はさらに高まり、より多くのユーザーを引き付けるという好循環を引き起こし商業的な成功を遂げました。

3-2 ◆ ソーシャルメディア

　UGCがさらに発展したものとしてソーシャルメディアが誕生しました。ソーシャルメディアとは、インターネット上で展開される情報メディアのあり方で、個人による情報発信や個人間のコミュニケーション、人の結び付きを利用した情報流通などといった社会的な要素を含んだメディアのことです。

　ソーシャルメディアが登場する前はテレビやラジオ、新聞、雑誌のようなマスメディアが発信する情報が主流でした。しかし、ソーシャルメディアが生まれたことにより人々は自由に情報を発信することが可能になりました。

　ソーシャルメディアは利用者の発信した情報や利用者間のつながりによってコンテンツを作り出す要素を持ったウェブサイトやネットサービスなどを総称する用語で、古くは電子掲示板やブログから、最近ではWikiやSNS、ミニブログ、ソーシャルブックマーク、ポッドキャスティング、動画共有サイト、動画配信サービス、口コミサイト、ショッピングサイトの購入者評価欄、そしてSNSなどが含まれます。

　Facebook、Twitter、Instagram、LINEなどのことをソーシャルメディアと呼んだり、SNSと呼ぶことがありますが、厳密にはそれらのサービスは利用者同士のコミュニケーションが主軸となっているサービスなのでSNSだといえます。

ネットワーク効果

　ウェブが発展した4つ目の要因はネットワーク効果です。ネットワーク効果とは、ユーザーが増えれば増えるほど、ネットワークの価値が高まり、ユーザーにとっての利便性が高くなるという意味です。

　たとえば、電話の普及においては、電話を使うユーザーが増えれば増えるほどその利用価値は高まっていき、それがさらに多くのユーザーがその価値を得るために電話を購入しネットワークが拡大していき魅力的なものになります。これと同じことがウェブの発展を後押しすることになりました。

　このネットワーク効果が生まれた有名な事例としては無料電子メールのHotmailの事例です。Hotmailを利用するユーザーからメールを受け取ったユーザーは、メール本文の末尾に表示される「PS: I love you. Get your free e-mail at Hotmail」（追伸：アイ・ラブ・ユー。Hotmailで無料メールアカウントを開設しよう。）という1文がメールの署名欄のところにHotmailのウェブサイトへのリンクと一緒に表示されていました。この短いメッセージを通じて、Hotmailは急成長を遂げ、後のマイクロソフトへの売却時点では累計850万人以上が登録していたといわれています。当時のインターネットユーザー数が全世界でまだ7000万人程度だったことを考えると、かなりの告知効果があったということです。

●マイクロソフトが買収したHotmailの画面

Look for:	▼	Search In ▼	Inbox		Find Now	Clear		Options ▼	×

msn Hotmail®

MSN Home	Hotmail	Web Search	Shopping	Money	People & Ch

Send a
Greeting Card
Gift Certificate

Interact using
Instant Messaging
Chat
Personals

FREE Newsletters
News

CNET News

Finance

Forbes

Women

womencom

or choose from over 150 more newsletters worldwide.

			From	Subject	Received ▼	Size
☑			TheCount...	Weekly statistics for account: 313061	Mon 2/19/2...	6 KB
☑	▢		U_of_W	UNIVERSITY	Mon 2/19/2...	10 KB
☑	▢		mikee65...	I LOVE YOU AND I DON'T WANT YOU TO DIE!!!!!	Sun 2/18/2...	8 KB
☐	▢		debtfixers...	SAY NO MORE BILLS !!!	Sun 2/18/200...	2 KB
☑	▢		refreshed...	VACATION GIVEAWAY !!! Caribbean, Hawaii, Florida & ...	Sun 2/18/2...	1 KB
☑	▢		David	David has sent you a music greeting card!	Sun 2/18/2...	2 KB
☑			Hotmail...	This month - Bill Gates has a challenge for you...	Sun 2/18/2...	2 KB
☑	▢		free-onlin...	WE HAVE THE EXACT CAR YOU'RE LOOKING FOR!	Sat 2/17/20...	2 KB
☑	▢		@msn.com	Out of the closet yet?	Sat 2/17/20...	1 KB
☑	▢		MSN Sale...	President's Day Sale Extravaganza!	Sat 2/17/20...	27 KB
☑	▢		rooy	porex, Amy is ready for XXX fun...	Sat 2/17/20...	7 KB
☑	▢		jnaus	porep, Hey, you wanna go out!	Sat 2/17/20...	7 KB
☑	▢		MSN Pro...	Compete for $5,000 and support Big Brothers Big Sist...	Sat 2/17/20...	2 KB
☑	▢		MSN Esse...	Challenge Bill Gates for cash at $5,000. Get the Gr...	Fri 2/16/20...	3 KB
☑	▢		TheCount...	Weekly statistics for account: 313016	Thu 2/15/2...	5 KB
☑	▢		CounterP...	TheCounter.com Professional Edition - February 14, 2...	Thu 2/15/2...	12 KB
☑	▢		5a1j@ms...	Increase Sales, Accept Credit Cards! [cyr53]	Thu 2/15/2...	1 KB
☑	▢		ydsjh@m...	Your Business, Make It The Best You Can!! [7mzh4]	Wed 2/14/2...	1 KB

5 投資効率の高さ

ウェブが発展した最後の理由は、投資効率の高さ、つまり小資本で起業ができることと、市場に参入ができるということです。

現在ウェブを活用して成長した企業のほとんどはウェブが発明される前には存在していませんでした。GoogleもAmazonもMETA（FacebookやInstagramの運営企業）もです。

無数の事業機会を提供するウェブの魅力に取り憑かれた起業家だけでなく、旧来から存在する製造業や金融業、運輸業、建設業、そして農業までもがリアル世界と比べると格段に小資本で市場参入ができるというウェブの特徴を活かし次々とウェブという舞台で事業を拡大するようになりました。

こうした複数の要因がウェブの成長を後押しすることにより、ウェブに存在する各種サービスは商業的にも成功し、無数の企業と個人に大きな事業機会を提供する地球規模の巨大ネットワークへと発展しました。

そしてこれからウェブはさらに発展し、ウェブ3.0（ウェブスリー）へと進化するといわれています。

ウェブ1.0はウェブを使った情報発信の方法を知る一部の人たちによる一方的な情報発信でした。ウェブ1.0は1990年代終わりまで続いたテキスト情報中心のウェブサイトの閲覧という形の一方通行のコミュニケーションの形を取ったものでした。

●ウェブの発展

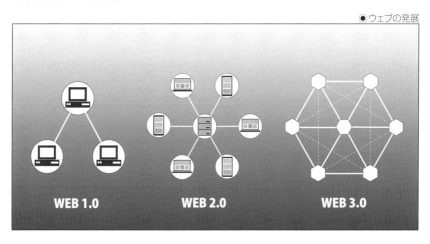

WEB 1.0   WEB 2.0   WEB 3.0

その後、ウェブ2.0という概念が生まれました。それはソーシャルメディアを使うことでそれまで受け身であったユーザーが情報を発信できる機会を提供しました。さらにはユーザー同士での自由なコミュニケーションが可能になり重要なコミュニケーション手段へと成長しました。

ウェブサイトはテキスト情報中心のものから、画像や動画が中心のものへと進化しました。このことを可能にしたのは巨大プラットフォーム企業であるGoogle、Apple、META、Amazonなどが提供するプラットフォーム（サービスやシステム、ソフトウェアを提供するための共通の基盤）でした。この時代は2000年代から現在まで続いています。

そして次の波であるウェブ3.0は、巨大プラットフォーム企業が提供するサービスに依存することのないブロックチェーン技術（情報をプラットフォーム企業に蓄積するのではなく、各ユーザーに分散して管理する仕組み）を使った分散型のウェブであるといわれています。

これからもウェブはこうした進化を遂げ多くの企業に事業機会を与え、個人には成長のチャンスと豊かな未来を与えるものであり続けることでしょう。

以上が、「ウェブの基礎知識」です。

本書を最後まで読んでくれたあなたには、すでに「ウェブの基礎知識」が身に付いたはずです。それにより、次のステップである『ウェブマスター検定 公式テキスト 3級』で解説する「ウェブサイト制作の流れ」を理解するのに十分な力が付いているはずです。

それでは『ウェブマスター検定 公式テキスト 3級』でまたお会いしましょう。

参考文献

総務省「特定電子メールの送信の適正化等に関する法律のポイント」
　　　　(https://www.soumu.go.jp/main_sosiki/joho_tsusin/d_syohi/pdf/m_mail_pamphlet.pdf)

Branding(アメリカ・マーケティング協会)(https://www.ama.org/topics/branding/)

通信販売 - 特定商取引法ガイド - 消費者庁(https://www.no-trouble.caa.go.jp/what/mailorder/)

Usage statistics of content management systems
　　　　(https://w3techs.com/technologies/overview/content_management)

国内の検索エンジン市場(StatCounter)
　　　　(https://gs.statcounter.com/search-engine-market-share/all/japan)

How the Internet Happened: From Netscape to the iPhone(Brian McCullough)(Liveright)

Where Wizards Stay Up Late: The Origins of the Internet(Matthew Lyon、Katie Hafner)
　　　　(Simon & Schuster)

The Art of SEO: Mastering Search Engine Optimization 3rd Edition
　　　　(Eric Enge 、Stephan Spencer、Jessie Stricchiola)(O'Reilly Media)

The Marketing Agency Blueprint: The Handbook for Building Hybrid PR, SEO, Content,
　　　　Advertising, and Web Firms(Paul Roetzer)(Wiley)

eCommerce Marketing: How to Get Traffic That BUYS to your Website(Chloe Thomas)(Kernu)

Web3 Marketing: A Handbook for the Next Internet Revolution(Amanda Cassatt)(Wiley)

The Digital Marketing Handbook: A Step-By-Step Guide to Creating Websites That Sell
　　　　(Robert W. Bly)(Entrepreneur Press)

Internet Technologies and Information Services(Library and Information Science Text Series)
　　　　(Joseph B. Miller)(Libraries Unlimited)

Internet of Things: Technologies and Applications for a New Age of Intelligence 2nd Edition
　　　　(Vlasios Tsiatsis、Stamatis Karnouskos、Jan Holler 、David Boyle)(Academic Press)

Inventing the Internet (Inside Technology) (Janet Abbate)(MIT Press)

Where Wizards Stay Up Late: The Origins of the Internet(Matthew Lyon 、Katie Hafner)
　　　　(Simon & Schuster)

Web Programming and Internet Technologies: An E-Commerce Approach 2nd Edition,
　　　　Kindle Edition(Porter Scobey, Pawan Lingras)(Jones & Bartlett Learning)

HTML, CSS & JavaScript in easy steps Special Edition(Mike McGrath)(In Easy Steps Limited)

Understanding the Digital World: What You Need to Know about Computers, the Internet,
　　　　Privacy, and Security, Second Edition(Brian W. Kernighan)(Princeton University Press)

Read Write Own: Building the Next Era of the Internet(Chris Dixon)(Random House)

Software-Defined Networks: A Systems Approach(Larry L. Peterson、Carmelo Cascone、
　　　　Brian O'Connor、Thomas Vachuska)(Systems Approach LLC)

索引

索引

■編者紹介

一般社団法人全日本SEO協会
2008年SEOの知識の普及とSEOコンサルタントを養成する目的で設立。会員数は600社を超え、認定SEOコンサルタント270名超を養成。東京、大阪、名古屋、福岡など、全国各地でSEOセミナーを開催。さらにSEOの知識を広めるために「SEO for everyone! SEO技術を一人ひとりの手に」という新しいスローガンを立てSEOの検定資格制度を2017年3月から開始。同年に特定非営利活動法人全国検定振興機構に加盟。

●テキスト編集委員会

【監修】古川利博／東京理科大学工学部情報工学科　教授
【執筆】鈴木将司／一般社団法人全日本SEO協会　代表理事
【特許・人工知能研究】郡司武／一般社団法人全日本SEO協会　特別研究員
【モバイル・システム研究】中村義和／アロマネット株式会社　代表取締役社長
【構造化データ研究】大谷将大／一般社団法人全日本SEO協会　特別研究員
【システム開発研究】和栗実／エムディーピー株式会社　代表取締役
【DXブランディング研究】春山瑞恵／DXブランディングデザイナー
【法務研究】吉田泰郎／吉田泰郎法律事務所　弁護士

編集担当： 吉成明久 / カバーデザイン ： 秋田勘助（オフィス・エドモント）

ウェブマスター検定 公式テキスト 4級
2024・2025年版

2023年9月1日　初版発行

編　者	一般社団法人全日本SEO協会
発行者	池田武人
発行所	株式会社　シーアンドアール研究所
	新潟県新潟市北区西名目所4083-6（〒950-3122）
	電話　025-259-4293　FAX　025-258-2801
印刷所	株式会社　ルナテック

ISBN978-4-86354-422-2 C3055
©All Japan SEO Association, 2023　　　　　　Printed in Japan